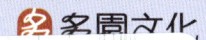

我的天啊！
原來發明是這麼一回事

葉忠福―著

目 錄

推薦序 1 創新發明可以改變世界，
也是一個國家競爭力的表現 6
（IAIA 國際創新發明聯盟總會 總會長 **吳國俊**）

推薦序 2 發明創造需要全民來參與 8
（中華創新發明學會 執行長 **吳智堯**）

推薦序 3 專利保護對發明人的重要性 8
（清華國際智慧財產權事務所 所長 **張中州**）

推薦序 4 產業內的創新動能
—以醫療領域為例 12
（彰化基督教醫院 醫療長 **劉森永**）

推薦序 5 藉由閱讀啟發性發明故事
提升創造力與問題解決能力 16
（臺北醫學大學附設醫院 精神科主治醫師 **黃宇銳**）

推薦序 6 創意發明教育是培養青少年克服困難
與提升競爭力的絕佳途徑 18
（教育部教師諮商輔導支持中心 諮商心理師 **楊文麗**）

作者序 發現創新發明的奇蹟 20

第一篇、台灣傑出好發明

發明 1	智慧針灸銅人：傳統中醫療法再進化 26
發明 2	兩截式鼻胃管：創新來自對生命的深切關懷 31
發明 3	氧氣鋼瓶餘量預警系統：人機協作，緊急應變 34
發明 4	智慧型醫療裝置：正確洗手，精準取藥 37
發明 5	魔豆：不斷創新，反制仿冒抄襲 41
發明 6	穀東俱樂部：產業經營面向的創新 44
發明 7	泡麵：困境中的堅忍與創新思維 47
發明 8	免削鉛筆：出自台灣、行銷全球 50
發明 9	好神拖：為你的專利取一個響亮的名字 53

第二篇、民生發明好實用

發明 10	郵票：方寸之間的創新與變革 58
發明 11	郵票齒孔：最醒目的小標誌 61
發明 12	螺絲與螺絲起子：最偉大的小發明 64
發明 13	筷子：歷史悠久的餐具發明 67
發明 14	橡皮擦：用消除法擦去錯誤 70
發明 15	立可白：用塗抹法遮蓋錯誤 73
發明 16	原子筆：新穎、時髦的成功命名 76
發明 17	OK 繃：包紮 DIY，簡單 OK 79
發明 18	魔鬼氈：發明靈感蘊涵在大自然中 82
發明 19	可彎式吸管：愛與關懷是發明的動力 85

第三篇、科技創新真方便

- 發明 20　外牆透明電梯：發明之門向所有人敞開 92
- 發明 21　冷氣機：開利博士的發明造福全世界 95
- 發明 22　網際網路：將世界連接在一起 98
- 發明 23　聽診器：靈感來自童年遊戲的醫學發明 101
- 發明 24　拍立得相機：小蝦米對抗大鯨魚 105
- 發明 25　電燈泡：專利擁有者並非原創發明人 108
- 發明 26　抽水機加過濾器：科技與商業模式的創新 112

第四篇、教育娛樂好創意

- 發明 27　阿拉伯數字：沿用千年的偉大發明 118
- 發明 28　撲克牌：寓教於樂的卡牌天地 122
- 發明 29　魔術方塊：在打亂與復原中玩轉創意 125
- 發明 30　拼圖：從地理教具到益智玩具，從 2D 到 3D 128
- 發明 31　桌球：突破限制，以餐桌為賽場 131

第五篇、新奇食品超享受

- 發明 32　可口可樂：飲料界傳奇的問世 136
- 發明 33　可口可樂：為愛創業，行銷致富 139
- 發明 34　甜甜圈：靈感源自好奇心與對美食的熱愛 142
- 發明 35　口香糖：美國發明史上的驕傲 145
- 發明 36　利樂包：二十世紀食品包裝科技最重要發明 148

第六篇、誤打誤撞妙發明

- 發明 37　雙金屬材料：陰錯陽差妙發明.................154
- 發明 38　鐵氟龍 PTFE：不經意發明的經典案例.................157
- 發明 39　便利貼：誤打誤撞的發明奇蹟.................159
- 發明 40　威而鋼：藍色小藥丸的誕生緣由.................161

第七篇、創意發明練功房

- 練功秘笈 1　創意發明的基本要素.................166
- 練功秘笈 2　設計新產品的重要觀念.................170
- 練功秘笈 3　創意技法大揭密.................174
- 練功秘笈 4　商品創意的產生訣竅.................182
- 練功秘笈 5　創新發明原理與完整流程.................187

結　語　創新發明的可貴在於實踐與執行.................191

推薦序 1

創新發明可以改變世界，也是一個國家競爭力的表現

　　創新發明是人類文明進步的引擎，它們不僅帶來了生活的便利，更是國家競爭力的體現，同時也能為發明人帶來豐厚的財富。這些發明不僅在科技上取得了突破，更深刻地改變了我們的生活方式和社會結構。

　　創新發明例如智慧型手機、網際網路和社交媒體，顯著地提升了人們的生活品質和便利性。智慧型手機的普及使得人們可以隨時隨地接收信息、處理工作，甚至進行跨國溝通。網際網路的普及則使得知識和資訊變得無所不在，從而促進了教育、商業和文化的發展。社交媒體的興起不僅拉近了人與人之間的距離，也成為了個人表達和交流的重要平台。這些創新的應用改變了我們的日常生活方式，使得原本不可能的事情變得可能，大大提升了生活的便利性和效率。

　　強大的科技創新能力使得一些國家在全球市場上占據了領先地位，這些創新不僅帶動了國內產業的發展，更促進了科技進步和人才的集聚。一個國家能否在全球舞台上占據重要位置，往往取決於其在科技創新方面的成就和投入。在未來，隨著科技的不斷進步和創新的不斷湧現，我們可以期待更多創新發明的出現，繼續改變世界、促進社會進步，並為人類帶來更加美好的未來。

創新發明也為發明人帶來了經濟回報，許多創新者受益於其發明而獲得巨額財富，並且成為了行業和社會的重要人物，例如，創辦蘋果公司的史蒂夫・賈伯斯、創立亞馬遜的傑夫・貝佐斯等，都是因為創新產品而改變了世界，還因此成為了全球最富有的企業家之一。創新發明的經濟效益不僅體現在發明人個人身上，還會透過企業的發展和國家的稅收帶動整個社會的經濟增長和就業機會。

　　葉忠福老師在創新發明實務及學理造詣上都有深厚功力，今著述《我的天啊！原來發明是這麼一回事》一書，以淺顯活潑的故事方式，讓讀者一探究竟，瞭解每個創新發明故事的發展，對人類社會進步偉大而具體的貢獻。

　　本會「IAIA 國際創新發明聯盟總會」，矢志結合學術界與民間的力量，藉由國際展覽、學術交流與專利技術媒合等方式，將創意、創新發明的好點子發揚光大。

　　本會肩負國際交流與互助合作的責任，每年帶著業者到各會員國相互參訪，互相交流，建立創新發明推廣機制，及技術與商務合作模式，有助加速企業將其創新發明推廣到全球各地市場，並藉由國際性交流，激盪出更強烈的火花。

IAIA 國際創新發明聯盟總會 總會長　吳國俊

推薦序 2

發明創造需要全民來參與

發明創造一直以來都是人類社會進步的重要引擎，也是一個國家社會競爭力的像徵性指標。從最早的輪子到現代的智慧型手機，每一項發明都代表了人類對於問題的解決和生活品質的改進。然而，發明創造並不僅僅是專業科學家和工程師的領域，它需要全民參與，因為每個人都可以為創新和進步做出貢獻。

全民參與發明創造可以帶來多元的觀點和想法，不同的人來自不同的背景，擁有不同的經驗和知識，當大眾參與創新過程時，他們能夠提供各種不同的觀點，這有助於發現新的問題和解決方案。例如，一名農夫可能會提出關於農業技術改進的獨特見解，而一名老師可能會有有關教育工具的創新點子。因此，全民參與可以豐富和擴展發明創造的領域。

此外，更多人的參與還可以促進競爭和合作，人們可能會在創新競賽中互相競爭，這種競爭有助於激發更多的想法和努力。同時，人們也可以合作，共同解決複雜的問題，這種合作可以導致更大的成就。

愈多人參與發明創造可以促進教育和學習，參與創新過程的人們將不斷學習新知識和技能。他們可能會需要學習關於科學、工程、技術和數學等領域的知識，這將有助於提高整個社會的科

學素養。人們還可以從彼此互相學習，分享他們的經驗和專業知識，這種知識傳承有助於培養下一代的創新者。

　　科研人才的培養必須從小開始，尤其對充滿好奇心的青少年時期，更是建立起科學研究精神的最好時機。欣聞葉忠福老師將出版新書《我的天啊！原來發明是這麼一回事》，此書藉由許多實際在我們生活中的發明實例，除了加入故事的啟發式思考方向解說外，更加入許多台灣所發明的成功案例，對讀者而言會更有貼切感，體認到原來「發明」並不難，來鼓勵青少年朋友發揮創意，發明創造改善人們生活，增進人類文明。

　　葉忠福老師在新能源科技領域，研究成果表現傑出，亦獲眾多國際發明大獎，並多屆擔任「中華創新發明學會」的理事、常務理事等重要職務，對於我國科技研發的推動和參與更是不遺餘力。在科研教育推廣方面，出版大專用書《現代發明學》、《創新發明原理與應用》及高中職用書《創意設計專題實作》、《創意思考與創造力訓練》、《潮・創客：創新與創意發明應用》等十餘本書，對我國創新科技研發人才的培育貢獻卓著。

　　這次葉忠福老師針對青少年朋友，以實際發明故事為例及啟發式的筆法撰寫本書，希望能觸動更多人對創新發明的興趣，進而投入此深具意義的工作，共同打造更美好未來。

中華創新發明學會 執行長　吳智堯

推薦序 3

專利保護對發明人的重要性

在現代科技高速發展的時代，創新和發明成為推動社會進步的重要動力，然而，創新帶來的成果往往需要被保護，以激勵發明人和投資者持續投入研發，這就是專利保護的重要性所在。專利是一種法律工具，授予發明人對其創造的獨家權利，使其能夠在一定期限內對其發明進行技術發揮和經濟利用，而不受他人的侵犯。

專利的基本概念是指對於新的技術、產品或方法的獨家權利，它不僅保護了發明人的利益，也鼓勵了知識產權的創造和分享。透過專利的保護，發明人可以在一定期限內獲得獨家權利，以防止他人未經授權地製造、使用或銷售其發明。這種保護不僅涵蓋了產品或技術本身，還包括其應用和商業化的可能性，從而為發明人帶來了經濟利益和市場競爭優勢。

專利保護的重要性，主要有三大面向：

一、促進創新和研發投資

專利制度的存在激勵了創新活動和技術研發投資。因為發明人知道，只有經過專利保護的技術或產品，才能在市場上獲得長期的競爭優勢和商業利益。這種保護不僅限制了競爭者的能力，也鼓勵了更多的公司和個人投入到創新的領域中來。例如，藥品和高科技行業中的大多數創新，都依賴於專利保護來確保其獨家市場地位，進而獲得長期的投資回報。

二、維護公平競爭

專利制度既保護了發明人的權利，也促進了公平競爭的環境。在沒有專利保護的情況下，創新者可能會遭受他人的剽竊和盜用，這不僅對創新者造成了不公平的損害，也阻礙了技術的進步和社會的發展。專利的存在使得每個人都能夠在法律框架下進行創新，同時也為公司提供了清晰的發展方向和市場定位。

三、推動經濟發展

專利保護有助於推動經濟的持續發展和增長，透過保護創新成果，專利制度鼓勵了技術轉移和產品商業化，從而創造了新的市場和就業機會。例如，許多創新技術和產品的市場化不僅提高了相應行業的競爭力，還帶動了相關產業鏈的發展，進而推動了整個經濟體系的增長和進步。

所以，專利保護對發明人來說，不僅是保護其權益的法律工具，更是促進創新、維護公平競爭和推動經濟發展的重要保障，它為發明人提供了必要的激勵和保護，鼓勵他們不斷投入到創新和技術研發中。隨著全球經濟和技術競爭的日益加劇，專利制度的重要性將更加突顯。

忠福兄耗費了很多時間和精神，為讀者精心整理撰寫此書，但願讀者能從中吸取發明人前輩成功經驗，進而培養出新一代偉大的發明家。然而「智慧財產」的保護對發明人來說極其重要，本所創立至今三十多年來，服務過無數的發明人及企業、科研機構，也因「智慧財產」得到良好保護，使其快速成長茁壯。

清華國際智慧財產權事務所 所長　張中州

推薦序 4

產業內的創新動能
—以醫療領域為例

醫師也應該具備創新發明能力，醫材研發是未來大勢所趨

隨著科技的進步和社會需求的變化，醫療領域的創新成為未來發展的重要方向，特別是在創新醫材研發方面，這不僅僅是技術的革新，更是醫療行為與科學研究的緊密結合。

全球老齡化和慢性病人口的快速增加，醫療行業面臨著巨大的挑戰，傳統醫療設備和技術已經無法滿足日益增長的醫療需求，這促使醫療行業不斷尋求新的解決方案，創新醫材的研發，正是為了解決這些挑戰而生。

臨床需求與創新醫材的迫切性

醫師是醫療領域中的第一線人員，最迫切感受到有許多臨床需求的醫材尚未被滿足，這些需求的發掘來自於醫師日常的診療過程中未被滿足的需求，包括：

- 手術工具的改進：某些手術過程中使用的工具可能過於笨重或不夠精確，需要更輕便和精細的設計。
- 診斷設備的精確度：現有的診斷設備可能無法提供足夠精確的數據，影響診斷的準確性和治療效果。

- 患者監控設備的智能化：傳統的監控設備可能缺乏智能分析功能，無法即時提供患者的動態健康狀況報告。
- 日常照護醫材的改良：例如某些手術後對病患照護器材不夠人性化，或對銀髮族長者日常照護輔具的不夠方便。

創新醫材的研發不僅僅是技術上的突破，更是提升醫療品質和患者體驗的關鍵。它不但可以提升診療效果及提高診治工作效率，更可以減少醫療成本，減輕全民健保負擔。

醫師應具備創新發明能力

醫師親自研發醫材的優勢，由於醫師是直接面對患者並使用醫療設備的人，他們對於現有設備的不足和臨床需求有最深刻的理解。

醫師在創新醫材研發中具有以下幾個明顯的優勢：

- 專業知識豐富：醫師擁有豐富的醫學知識和臨床經驗，能夠準確識別出需要改進的問題和潛在的創新機會。
- 臨床需求的敏感度高：醫師能夠從日常工作中發現未被滿足的臨床需求，並有針對性地開展研究和開發。
- 快速迭代：醫師在臨床中可以迅速測試新產品並進行反饋，這有助於加快產品的開發和改進過程。
- 患者關係密切：醫師了解患者的實際需求和期望，能夠設計出更加貼合患者需求的醫療設備。

在醫療領域中，創新醫材研發是未來發展的必然趨勢。由醫師親自參與並領導這一過程，能夠充分利用他們的專業知識和臨床經驗，開發出真正符合臨床需求的創新醫療設備。因此，每位醫師都應該具備創新發明能力，這不僅是對自身職業發展的要求，也是對推動醫療技術進步和提高患者健康水平的重要貢獻。

　　本人在彰化基督教醫院擔任醫療長職務，深感創新醫材研發的重要性，一直大力在全院推動創新研發，自身亦有許多創新醫材研發成果榮獲國內外專利，及成功技轉授權導入臨床使用，其中「兩截式鼻胃管」更獲得「國家新創獎」殊榮。

創新醫材的發展將更加注重跨學科合作

　　展望未來，創新醫材的發展將更加注重跨學科合作和個性化需求的滿足，隨著科技的不斷進步和臨床需求的不斷增加，創新醫材將在更多領域發揮重要作用。

　　醫療領域的創新需要來自不同領域專家的合作，醫學、工程學、材料科學和資訊技術等領域的專家通力合作，能夠更好地解決臨床需求。例如，醫學專家可以提出臨床需求，工程學專家設計和製造，材料科學專家提供合適的材料，而資訊技術專家則負責數據處理和更智慧化分析。

透過醫師臨床診療時的創新醫材需求發現，再加上的不同領域專家的合作努力，我們可以期待一個更加高效、精準和人性化的醫療未來。

葉老師對我國的創新發明教育推廣貢獻卓著

　　葉忠福老師長期以來對我國的創新發明教育推廣貢獻卓著，本院也曾邀請葉老師前來演講指導獲益良多，葉老師不但著述很多創新發明相關教材，亦經常到各地推廣創新發明正確觀念並傳承寶貴的實務經驗，讓發明新手們少走很多冤枉路。

　　今葉老師的新書《我的天啊！原來發明是這麼一回事》，不謹適合青少年閱讀，其實更適合全齡大眾的閱讀。本書以許多日常生活中我們就能直接使用到的發明實例故事為題材，並在每則故事後面，加上「Yeh Sir 創意啟發大補帖」，引導讀者如何去創意思考，是本書一大特色，讓閱讀者瞭解其實發明就在我們身邊，只要我們平常多一些細心觀察問題的所在，然後去改善它，人人都可以成為發明家。

彰化基督教醫院 醫療長　劉森永

推薦序 5

藉由閱讀啟發性發明故事
提升創造力與問題解決能力

　　創新發明的啟發性創意思考訓練，對人們在困境中解決問題能力的提升是非常重要，其中最簡單的做法就是透過閱讀具啟發性的發明故事。

　　長年以來葉忠福老師無論在民間公司或台灣大學新能源研究中心等研究機構任職時，一直從事新產品研發及創意發明工作，工作經驗非常豐富。現在葉老師撰寫《我的天啊！原來發明是這麼一回事》一書，以發明故事來引導，讓讀者啟發創意思考，這是一種很棒的訓練方式，讀者可依書中故事的做法，在日常生活中發現問題並提出解決方案來執行改善，其實這就是發明，也應該是人人都可以嘗試。

　　創造力和解決問題的能力，已成為個人事業和職涯發展過程的重要因素。隨著科技進步和社會變遷，舊有的思維模式和解決方案已無法應對複雜且多變的挑戰，而創意思考方法包括腦力激盪、角色扮演、反向思考、聯想技術……等等，其核心在於打破傳統想法，鼓勵從不同角度看待問題，探索多種解決方案。這不僅可以激發創新作法，還能培養靈活應變和批判性思維能力。

　　創意思考訓練過往已被廣泛應用於教育、職場等領域。在教育領域，透過各種啟發性活動，學生可以學習到如何靈活運用知

識，發現和解決問題。在職場中，則有助於提升員工的創新能力和工作效率，許多企業透過引入創意思考工作坊和培訓課程，來激發員工的創造力，促進團隊合作和創新發展。這不僅能提升企業的競爭力及向心力，還能增強員工的工作滿意度和職業成就感。

在醫療領域，近幾年潮流特別重視創新醫材的研發，尤其是從「臨床未被滿足需求」（Unmet medical needs）角度發想，來解決醫療端的困境。美國史丹佛大學創新醫材設計中心（Stanford Byers Center for Biodesign）主任 Josh makower 曾說過：「創意是可以透過教導學習而來！」故創意思考訓練對於提升醫療團隊的合作和創新能力有非常重要的影響力。

而在精神科的領域，特別是長期受精神疾患困擾的族群，思考容易陷入僵化的模式，也可考慮將其作為一種介入的方式。當患者學習到新的應對策略，使人們能夠更靈活地應對挑戰，可藉此增強自我效能感及大腦彈性度，有機會減輕壓力影響和改善情緒狀態，從而提升其心理健康狀況。

總而言之，啟發性創意思考訓練不僅對醫療發展有增益，同樣適用於多個領域和生活場景中，並透過激發和培養個人的創造潛能，提升了人們的解決問題能力和創造力，值得在日常生活和工作場域中更廣泛的應用和推廣。

臺北醫學大學附設醫院 精神科主治醫師　黃宇銳

推薦序 6

創意發明教育是培養青少年
克服困難與提升競爭力的絕佳途徑

　　在全球化和科技迅速發展的今天，青少年的成長和教育面臨著前所未有的挑戰和機遇。如何培養出具有創新精神和解決問題能力的年輕一代，成了教育界的重要課題。葉忠福老師的新書《我的天啊！原來發明是這麼一回事》為我們提供了一條清晰的道路，展示了創意發明教育如何成為青少年克服困難、促進生活質量、提升個人競爭力的重要途徑。

　　創意發明教育的核心在於激發年輕孩子的創新思維。傳統教育模式側重於知識的傳授和記憶，而葉老師的書則注重思維的開發和創造力的培養。書中介紹的國內外發明實例，讀者可以看到這些創意如何在生活中得以落實，並感受到人人都可以成為發明家的可能性。這不僅讓青少年積極參與、動手操作，還讓他們學會如何解決實際問題，克服各種挑戰，如資源限制、技術問題或是團隊的合作。

　　透過參與創意發明實作，年輕孩子能夠將所學知識應用到實際生活中，從而提升生活品質。例如，書中介紹可彎式吸管及環保吸管的發明，孩子不僅學到了環保知識，還能將這些知識應用到家庭生活中，提升家庭的環保意識。當他們能夠自己動手解決生活中的小問題時，變得更加自信和獨立，這對於他們的成長至關重要。

在現代社會中，競爭力不僅來自於知識的掌握，更來自於創新能力和解決問題的能力。葉忠福老師的書籍，透過各種創意發明項目的展示，教導學生如何在有限的資源和時間內創造出最佳解決方案。這種創新的教育模式對於培養青少年的綜合能力具有重要意義，不僅幫助他們克服困難，提升生活品質，還能顯著增強他們的個人競爭力。

　　葉忠福老師長期從事創新發明實務工作，累積了寶貴的經驗，並透過多部專書傳授創新發明相關知識，輔導學生發明創作並屢獲國際發明大獎。他的新書《我的天啊！原來發明是這麼一回事》不僅適合青少年閱讀，也非常適合一般社會人士閱讀。書中的發明實例故事和創意思考方向引導，能夠啟發讀者，讓更多人受益，成為未來社會的中堅力量。

　　總而言之，這本書不僅在培養具有知識的年輕人，更在塑造具有創新精神和解決問題能力的未來領袖。我們應該大力推廣創意發明教育，讓更多的青少年盡早能夠從中受益，迎接未來的挑戰與機會。

教育部教師諮商輔導支持中心 諮商心理師 　楊文麗

作者序

發現創新發明的奇蹟

親愛的讀者們，歡迎來到《我的天啊！原來發明是這麼一回事》這本充滿驚奇和探索精神的書籍。這是專為那些充滿好奇心和熱情的青少年所寫的書，旨在向他們展示發明的神奇世界，激發他們對創新的熱愛與興趣。我們希望這本書能夠成為新一代偉大發明家的啟蒙指南，引領他們走向改變世界的道路。

青少年時期是我們對世界充滿好奇的時期，我們渴望了解事物背後的原理，尋找解決問題的方法。這正是發明的精神所在，它不僅僅是一種創造力的表現，更是一種探索精神的體現。當我們發現某個問題需要解決時，我們不斷尋找解決方案，並勇於嘗試新的想法。這種探索和創新的過程，無論是在科學、技術還是日常生活中，都為我們帶來了無數令人驚嘆的發明。

在這本書中，我們將帶你踏上一場奇幻的旅程，一起探索世界上各種實用發明的故事。我們將探討從簡單的日常用品到複雜的科技產品，從古代到現代的發明，例如關於燈泡的發明，它照亮了我們的生活；關於網際網路的創造，它將世界連接在一起。關於許多實用生活用品的發明過程，每個故事都將帶給你一種驚喜，讓你意識到發明的力量和無限可能性。

這本書的目標是激發青少年對發明的熱情和興趣。我們希望你能從這些故事中獲得啟發，並開始思考自己能夠做出怎樣的貢獻。每個發明背後都有一個故事，這些故事中蘊含著無盡的勇氣、創意和毅力，它們可以激勵我們克服挑戰，追尋夢想。

這本書不僅僅是一個故事集合，更是一個鼓舞人心的引導。我們希望透過這些故事，讓青少年看到自己潛在的創造力和可能性。你可能會發現，這些偉大發明家並非特別出眾，他們也曾是像你一樣的青少年，充滿著夢想和憧憬，他們經由不斷學習、嘗試和挑戰自己，最終實現了自己的理念。

書中的故事將帶領你了解發明的本質和過程。你將了解到發明並非一蹴而就，而是一個需要耐心、堅持和努力的過程。你將學會如何面對挫折和失敗，並將其轉化為學習和成長的機會。我們相信，透過這些故事的啟發，你將發現自己也能夠成為一位有影響力的發明家。

每一個時代都需要新的創新思維和解決方案，而這些革新的推動者就是我們新一代的發明家。我們希望這本書能夠激發你對科學、技術和創新的興趣，成為你追尋夢想的指南。無論你對哪個領域感興趣，無論你的夢想有多大，都請相信自己的能力，並勇於追求。

我們要感謝所有為人類進步做出貢獻的偉大發明家。他們的智慧和勇氣改變了我們的世界，為我們帶來了更好的生活品質。希望這本書能夠向他們致敬，同時也希望能夠啟發更多年輕人走上發明的道路，繼續創造出更加美好的未來。

在閱讀這本書的過程中，我們鼓勵你保持開放的心態，勇於提出問題，追求新的知識和經驗。世界上還有許多未解之謎等待著我們去揭開，還有無盡的可能性等待著我們去實現。無論是在科學、工程、醫學還是環境保護等領域，你都可以成為推動變革的力量，為世界帶來積極的改變。

這本書旨在成為你的靈感之源和知識基石，讓你理解發明的重要性和價值。每一個發明故事背後都是對問題的解決，對人類生活品質的提升，以及對社會進步的貢獻。無論是小到改進日常用品的設計，還是大到改變行業和社會的創新，每一個發明都有其獨特的價值和影響力。

因此，我們鼓勵你不僅僅是被這些故事所感動，更要從中汲取智慧和啟發。你可以開始思考，身邊是否存在一個你認為需要解決的問題？您能夠提供什麼樣的創新解決方案？或者，你能夠改進現有的發明，使其更加高效、環保或者更適合人類的需求？無論你的想法有多大膽，都要相信自己的能力，並勇於追求。

最後，希望這本書能夠啟發你追尋知識、探索未知、勇於創新，相信你正是下一個偉大發明家的種子，你的熱情和創造力將改變世界。讓我們一起走進這個充滿奇蹟的發明之旅，一同探索、學習、成長，為未來創造無限的可能性！

葉忠福 謹誌

第一篇、台灣傑出好發明

發明 1　智慧針灸銅人：傳統中醫療法再進化
發明 2　兩截式鼻胃管：創新來自對生命的深切關懷
發明 3　氧氣鋼瓶餘量預警系統：人機協作，緊急應變
發明 4　智慧型醫療裝置：正確洗手，精準取藥
發明 5　魔豆：不斷創新，反制仿冒抄襲
發明 6　穀東俱樂部：產業經營面向的創新
發明 7　泡麵：困境中的堅忍與創新思維
發明 8　免削鉛筆：出自台灣、行銷全球
發明 9　好神拖：為你的專利取一個響亮的名字

本篇特別介紹台灣人的傑出發明創作，這些發明涵蓋了醫療、農業、食品和日常生活等多個領域，充分體現了台灣人的創造力和專業精神。

　　例如彰化基督教醫院劉森永醫療長發明的兩截式鼻胃管，因其創新設計而榮獲國家新創獎及國內外多項專利，這種鼻胃管旨在解決傳統鼻胃管的不便，特別是對於吞嚥困難的患者給予更優質的照護。嘉義縣農家子弟陳振哲發明的「魔豆」創意商品，將普通的白鳳豆種子經雷射刻字，轉化成廣受年輕人喜愛的祝福產品，創造了高附加價值。

　　賴青松在宜蘭三星鄉創立的「穀東俱樂部」，透過有機耕作和社區支持農業的創新模式，生產健康、自然的稻米，採用有機肥料和人工除草，讓土地回復尊嚴。日籍台灣人吳百福在破產後發明的泡麵，展示了在困境中發揮創新思維的重要性。洪蠣發明的「免削鉛筆」，解決了日常生活中的小困擾，為女兒削鉛筆的煩惱激發了他的創造力，使他設計出不需削的鉛筆，行銷世界九十國還登上大英百科全書。丁明哲發明的「好神拖」展現了創新對日常生活的巨大影響，使清潔工作更加輕鬆和高效。

　　台灣在創新發明領域有著卓越的表現，眾多發明在各方面改善了人們的生活品質，不僅體現了創新的力量，更展示了台灣人在各領域的創造力和堅持不懈的精神，也在國際市場上贏得了高度認可，展現驕人的風采。

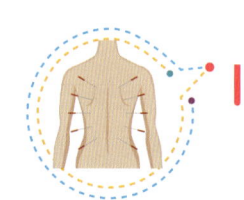

發明1：智慧針灸銅人
傳統中醫療法再進化

無私奉獻謙卑服務的價值精神

彰化基督教醫院創立於1896年，百餘年來，外國宣教師謙卑洗腳、無私捨己的奉獻精神，奠定所有彰基人的生命典範。彰基期勉全體員工體恤病人感受和期待，給予病人充分尊重，發揮醫療專業和惻隱之心，「以病人為中心」提供完善醫療服務，追求卓越的醫療品質。

在悠久的醫療歷程中，彰基有非常多感人的醫病關係故事，醫師們以「視病猶親」的態度熱情細心地照護病患，解除患者的身心苦痛。1928年，彰基曾有一段相當感人的「切膚之愛」故事，蘭醫師（彰基創辦人蘭大衛；David Landsborough IV）將其夫人（連瑪玉女士）的皮膚移植到患者周金耀患童的身上，當時執行的皮膚移植是相當創新的技術，不僅「視病猶親」，也體現出「勇於創新」的精神。

承續優良的創新精神基因，彰基總院長陳穆寬教授不斷鼓勵醫療團隊對醫材研發及各種醫療技術創新，全院至今擁有一百多項專利，目前已有十幾項的專利成功授權及產品上市導入臨床醫療使用，更舉辦「創新論壇暨技術媒合會」推廣創新醫材應用，以造福更多患者。

▲ 彰化基督教醫院總院長陳穆寬教授,
鼓勵醫療團隊對醫材研發及各種醫療技術創新不遺餘力
圖片來源:彰基醫院提供

智慧針灸銅人教學雲端評量系統

近年來,針灸此一傳統中醫療法逐漸受到世界各國的重視,那麼對於針灸這種精細而具深厚理論基礎的技術,該如何有效地教學和評估呢?

面對此一重大課題,彰基針灸部門開始思考,希望能夠利用現代科技結合傳統中醫,開創一種全新的教學與評量方式。若是透過智能化技術與雲端系統的結合,是否可以既保留傳統銅人模型的實用價值,又滿足現代教學效率和品質的需求?這樣的思考便成為該醫院研發「智慧針灸銅人教學雲端評量系統」的靈感起源。

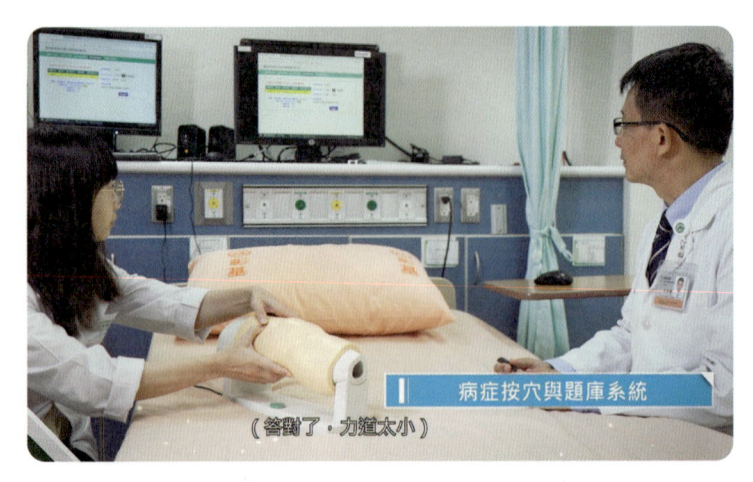

▲ 智慧針灸銅人教學雲端評量系統
圖片來源：彰基醫院提供

此發明具有以下幾大特色：

1. 智能化操作與即時反饋：當學生在操作針灸銅人模型時，系統自動偵測針刺的準確性，並透過雲端系統提供即時反饋，協助學生調整操作。

2. 雲端教學平台：系統的雲端平台上，能儲存並分析學生的操作數據，並根據學習進度提供個性化的教學建議；同時，教師也能透過平台監控學生表現，進行精確的評量與輔導。

3. 全方位評量機制：系統不僅評估學生的操作技術，還能針對理論知識進行測試，確保學生在實際操作前，具備足夠的理論基礎。

4. 傳統與現代的結合：此系統既保留傳統銅人模型的實用價值，又融入了現代科技，展現了傳統醫學與現代科技的完美融合。

「智慧針灸銅人教學雲端評量系統」此一創新系統，是為了滿足現代教學效率和品質的需求而研發，不僅是對傳統醫學的延續，提升了針灸教學的質量，也為中醫教育的現代化開啟了新的篇章，是中醫教學向數位化邁進的重要一步。

▲「智慧針灸銅人教學雲端評量系統」創作人
（圖片左起第六位黃頌儼醫師，及研發團隊成員）
圖片來源：彰基醫院提供

Yeh Sir 創意啟發大補帖

1. 「切膚之愛」的精神延續

彰基創辦人蘭大衛醫師「切膚之愛」的故事，已超越了單純的醫療技術，這是對生命的最高敬意，是醫者對病患的無限關懷。醫療不僅是技術的進步，更需要發自內心的勇氣與奉獻，「視病猶親」的精神是醫者的初心，更是醫療創新的動力。承續這份精神，彰基醫師不僅視病人如親人般細心呵護，更在醫學的疆界上不斷突破，為患者帶來更好的醫療照護。

2. 中醫教學的科技化與數位化

中醫針灸的教學一般常用金屬銅人認穴教學，用棉球或發泡球扎針練習，「智慧針灸銅人模型」則在傳統的基礎上引入現代科技，利用銅人模型穴道上的感測器，協助操作者判斷認穴是否正確，按壓力道或針扎力道是否恰當。

「智慧針灸銅人教學雲端評量系統」記錄著每次的操作資料，建立每位使用者的學習歷程，從電腦上就能看到學生的學習成果，包括時間、穴位、花了多少時間與幾次才找到、每個穴位的力道等都有詳細的歷程紀錄，對於學習者與教學者都是極佳的輔助工具。

發明 2：兩截式鼻胃管
創新來自對生命的深切關懷

　　研發兩截式鼻胃管此項醫材的是彰化基督教醫院的劉森永醫師，他觀察到中風和口腔癌等患者，在使用傳統鼻胃管時，由於長管懸掛在鼻外，不僅影響外觀，管子也容易被患者無意間拔除，也常有患者在睡夢中無意拔掉管子，導致不得不再次承受痛苦的置放過程，甚至引發吸入性肺炎等嚴重醫療風險。

　　曾有一位 60 多歲的中風患者無法自行吞嚥，只能依賴鼻胃管灌食，在病房內鼻胃管懸掛在鼻外的樣子或許並不突兀，但一走出病房，那條長長的管子卻成了他最大的困擾，尤其當小孩指著他，叫他「大象鼻子」時，病患心裡倍感難堪與無助，如圖為兩節式鼻胃管置放對照（圖中人物非本文當事人）。

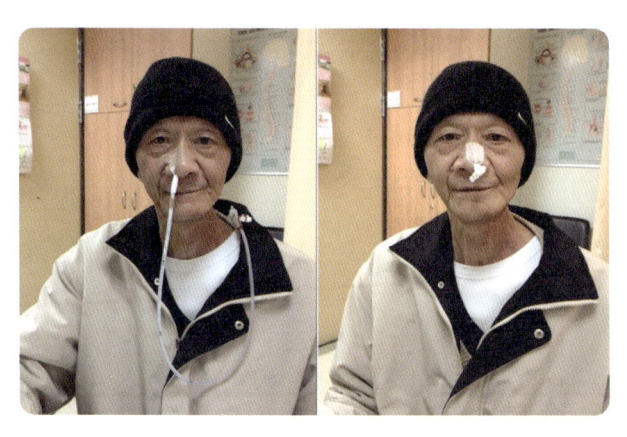

▲ 兩節式鼻胃管置放對照
圖片來源：劉森永醫師提供

這些病人的痛苦，深深觸動了劉森永醫師的心，因此他尋思如何改善這一情況，決心要設計一種更人性化、更舒適的鼻胃管，讓患者在接受治療的同時，也能維持一定的尊嚴和生活品質，經過不斷的構想與多次的調整與嘗試，「兩截式鼻胃管」的創新發明應運而生。

兩截式鼻胃管與傳統鼻胃管不同之處在於，它分為內管與外管，平時只露出小小的接頭，灌食時才需接上外管，不僅改善了外觀與舒適度，也大幅降低了自拔率和滑脫率，讓患者擺脫對鼻胃管的恐懼。

這個簡單卻創新的設計，大幅提升了患者的舒適度與生活品質，也讓他們在社交場合中不再尷尬，因這項愛心的發明現今已造福無數的病患。

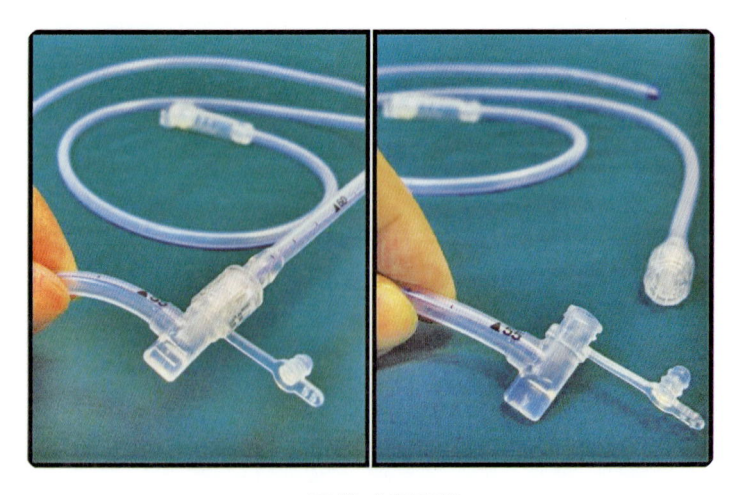

▲ 兩截式鼻胃管
圖片來源：劉森永醫師提供

Yeh Sir 創意啟發大補帖

1. 追求卓越、提升品質的使命感

劉森永醫師的「兩截式鼻胃管」是一個相當實用而充滿愛心的小發明，幫助病患從痛苦與尷尬的情境中解脫，為患者帶來了實際的改善，並獲得「國家新創獎」的肯定榮譽。此一發明也是彰基醫院兼具人文關懷與醫療創新精神的極佳例證，展現出醫護同仁們不斷追求卓越、致力於提升病人生活品質的使命感。

2. 從愛心與關懷出發，推動研發創新

許多醫材創新是本於對生命的深切關懷，以劉森永醫師之所以發明「兩截式鼻胃管」為例，正是因為看見患者的不適與痛苦，由於對患者需求的深刻洞察與關懷，心有不忍而尋求改進的方法。而在擔任醫療長職務期間，劉醫師也是秉持這樣的精神，從關心患者的需求出發，帶領醫護人員研發新醫材，每一項發明都代表了醫護人員對生命的尊重、對患者的關懷，以愛心和智慧，為病患帶來無比的希望。

發明3：氧氣鋼瓶餘量預警系統
人機協作，緊急應變

彰基創新育成研發中心成功研發出「氧氣鋼瓶餘量預警系統」，並在2023年巴黎國際發明展上榮獲金牌獎，這是一款能夠即時監測氧氣鋼瓶中的氧氣壓力並發出警示的系統。

氧氣鋼瓶是醫院中必備的醫療裝置，當需要氧氣治療的病人因檢查、手術等需要而由病房轉送到處置單位，在轉送過程中使用氧氣鋼瓶，醫護人員必須非常留意氧氣鋼瓶的狀況，如果瓶中氧氣突然耗盡而未及時處理因應，可能會造成病人休克、缺氧甚至危及性命。

目前市面上的氧氣鋼瓶只有壓力計，無法提供即時的警示和預測，醫護人員需觀察壓力計的數值，並估算剩餘的氧氣量和使用時間，不僅費時費力，也容易出錯或疏忽。相較之下，彰基所研發的「氧氣鋼瓶餘量預警系統」，其創新價值在於：

1. 研發概念主要在提升醫療照護品質，避免病人在運送過程中發生氧氣鋼瓶內的氧氣餘量不足問題。

2. 運用人工智慧的影像辨識技術，讀取氧氣鋼瓶壓力計的壓力值。

3. 系統可以將影像辨識的壓力值傳到手機App，App再用中文語音方式播報出壓力值，讓醫護人員在運送過程，用聽的就知道目前氧氣鋼瓶的狀態。

第一篇、台灣傑出好發明

4. 當氧氣鋼瓶的氧氣壓力低於警示值時,手機 App 會發出警示,將剩餘壓力換算成可使用時間,以中文語音方式播報出氧氣壓力以及可使用時間,提醒醫護人員注意,且有足夠的時間可以緊急應變,維護病人安全。

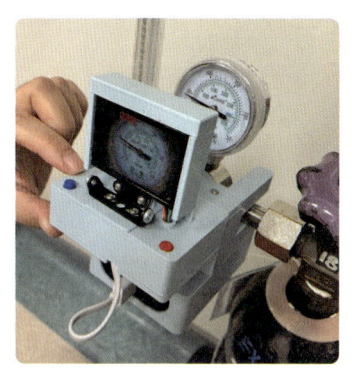

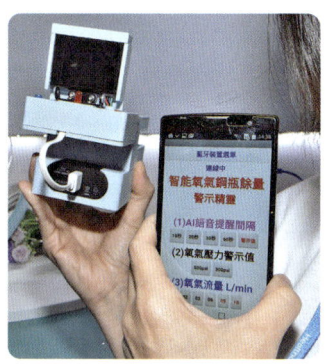

▲ 氧氣鋼瓶餘量預警系統(創作人:陳靜儀、林博淂、張倩蜜,林幸君)
圖片來源:彰基醫院提供

▲ 「氧氣鋼瓶餘量預警系統」榮獲 2023 年
「巴黎國際發明展暨商品博覽會」金牌獎
(圖片左起:張倩蜜、劉森永醫師、林博淂、陳靜儀、林幸君)
圖片來源:彰基醫院提供

Yeh Sir 創意啟發大補帖

1. 結合人工智慧與手機 APP

「氧氣鋼瓶餘量預警系統」是結合人工智慧和手機 APP 的創新發明，在研發過程中，應用了多種科技技術。第一階段先研究氧氣鋼瓶的結構，以 3D 列印方式印出來測試；第二階段，運用人工智慧的影像辨別氧氣壓力數值；第三階段，開發手機 APP 程式，讀取及顯示人工智慧傳來的壓力數值，並有語音提醒與警示的功能。

2. 創新源於實際的需求

「氧氣鋼瓶餘量預警系統」是護理部根據使用者的經驗，與創新育成研發中心進行跨部門合作所研發，此系統便於醫護人員隨時掌握氧氣鋼瓶的壓力和剩餘時間，讓護理人員在轉送病人過程當中，得以專注在病人的照護上，而在鋼瓶中的氧氣即將耗盡之前收到語音警示，也能有足夠的時間進行應變處理，提高病患生命安全保障與醫療品質，也減輕了照顧者的工作負荷及心理壓力。

發明4：智慧型醫療裝置
正確洗手，精準取藥

「智慧引導清潔裝置」引導正確手部清洗

傳統的手部清潔過程繁瑣，並且對人員的專業要求較高，稍有不慎可能導致清潔不完全，甚至危及病患安全，為了解決此一問題，彰化基督教醫院研究團隊尋求利用智慧科技來輔助清潔流程，研發了「智慧引導清潔裝置」以有效提升清潔效率和準確性。

「智慧引導清潔系統」在使用者將雙手伸入影像擷取裝置的範圍內時，屏幕上會立刻顯示出使用者的手部動作，並同步播放洗手的教學影片。這個系統不僅能夠辨識使用者的手勢，還能透過智能語音提示每一個動作的正確性，當手勢偏離標準時，語音會溫柔地提醒該如何修正，直到每一個步驟都完美無誤。

洗手是最簡單、最有效及最經濟的預防感染方法，推展醫護人員手部衛生，可強化醫院感染管制，保障病人安全及提升醫療品質，更是醫院責無旁貸的責任。「智慧引導清潔裝置」的發明，可見彰化基督教醫院對於醫療衛生管理的高度重視，深知手部衛生對防疫的重要性，這個系統對病人和家屬有巨大幫助，這不是一個簡單的發明，而是一個守護生命的希望之光。

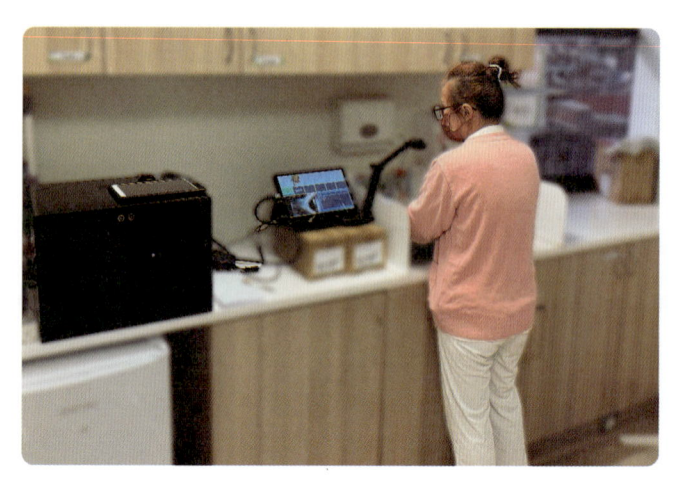

▲ 「智慧引導清潔裝置」系統
（創作人：劉森永、楊明治、林博淂、陳廷哲、陳昶華、楊美玲、陳美珠）
圖片來源：彰基醫院提供

▲ 研發團隊成員合照；左起第五位林慶雄副院長
圖片來源：彰基醫院提供

「智能藥櫃」精準取藥，減少藥師工作壓力

在醫療過程中，精準無誤的取藥至關重要，然而，面對數以千計的藥品種類，即使經驗豐富的藥師也難免因藥品外觀相似或名稱近似而弄錯，這種錯誤輕則延誤治療，重則危及生命。

有感於此，2014 年彰基藥師們與工研院攜手合作，開始了「智能藥櫃」的研發工作，這是一個漫長而艱辛的過程，經過多年努力成功研發出智能藥櫃，極大地減少藥師的工作壓力，並顯著提高取藥的準確性。

智能藥櫃能夠根據掃描的 QR code 自動識別藥品，然後精準打開相應的抽屜，完成調劑、取藥、結算和盤點，這一切都是為了確保每一位病人能夠迅速而準確地獲得他們需要的藥品。每一位藥師，乃至每一位醫護人員，都是這段創新之旅的見證者，而創新技術的背後，則是無數工程師、藥師、醫護人員共同的努力成果，是一顆顆為病人著想的赤忱之心。

▲ 智能藥櫃（創作人：蔡仕晟藥師團隊等人）
圖片來源：彰基醫院提供

Yeh Sir 創意啟發大補帖

1. 科技創新本於人的需求

醫療領域中的技術創新，不僅是對效率提升的追求，更是對生命的關愛守護，這些發明案例讓我們看到科技進步的力量，並引導我們思考未來如何讓科技更好地融入生活，成為保護與提升生命價值的堅實力量。

「智慧引導清潔裝置」與「智能藥櫃」的研發初衷，都不是為了追求新奇、也不是源自科技的炫耀性展示，而是為了解決問題，從基層醫護人員日常工作中的困難與需求出發。無論科技多麼先進，核心始終是「人」，這些智慧醫材的發明讓人體認到，真正的創新來自於對實際問題的深入思考和解決，因此，在推動科技進步時應該始終牢記「人的需求」。

2. 醫藥護協力守護生命

醫護人員肩負生死攸關的職責，且需應對隨時可能出現的突發狀況，當科技融入醫療現場，既能減輕人員的工作負擔，也確保病患能夠在最安全的環境中接受治療。而在創新過程中，合作與團隊精神也至關重要，因為許多發明都非一人之力所能完成，其實是從護理人員到藥師，再到技術專家，來自不同領域的專業人才通力合作，才能將智慧科技轉化為實際的醫療應用。

發明5：魔豆
不斷創新，反制仿冒抄襲

所謂「魔豆」，是先在種子的表面用雷射刻字打上祝福的話，再將種子放入培養罐或培養土中澆水，經過幾天之後，這顆種子就會長出枝芽，同時即可在芽葉上看到那些祝福的話，這是廣受年輕人喜愛的創意商品。

出身於嘉義縣農家子弟的陳振哲，多年前就不斷尋思在植物的培養上創新發明，「魔豆」就是他的發明成果，至今已研發出多樣相關產品，並行銷至全世界。

▲ 魔豆種子（左）與魔豆長出枝芽後（右）
圖片來源：葉忠福攝、羽鉅公司（https://www.iplant.com.tw）

魔豆系列商品為農作物所創造出來的附加價值很高，一顆種子經雷射刻上祝福語，變身為魔豆後，售價可翻漲數十倍。魔豆上市後的熱銷帶來豐富的利潤，也讓此項創意商品遭受嚴重的抄襲仿冒，不過原創者陳振哲並沒有因此而被打敗，相反的，他更加努力開發新一代商品，陸續又推出「魔蛋」以及「魔蛋娃娃」等更具創新性的產品。

　　「魔蛋」是種在蛋殼中的魔豆，魔豆長出枝芽後，在芽葉上就能看到祝福的話；「魔蛋娃娃」經澆水後破殼而出，長出綠綠的幼苗，待幼苗成長後可隨自己創意加以造型或修剪，對魔豆系列產品有興趣的讀者，可上羽鉅公司的網站 http://www.iplant.com.tw 參觀。

　　面對市場上的仿冒競爭，陳振哲曾說：「只有不斷的創新，才能反制仿冒。」當自己的創新能力夠強大，不斷創造出新商品，讓仿冒者追不上你的創新速度，如此才能真正反制仿冒。

▲ 魔蛋娃娃
圖片來源：羽鉅公司（https://www.iplant.com.tw）

Yeh Sir 創意啟發大補帖

1. 創新改變個人命運

「魔豆」的發明故事讓我們看見，創新能夠改變一個人的命運，一個農家子弟的努力，為平凡不起眼的農作物賦予全新的面貌，轉變為成功的創意商品，令人不得不佩服他靈活的頭腦和十足的創意，也激勵著我們不斷追求創新，克服困難，在改變自己和社會的過程中實現成功。

2. 農業創新的潛力與商機

「魔豆」將一顆簡單的種子變成了一個富有祝福和意義的禮物，也展現了農業的新面貌。農業是國家社會的重要產業，但往往容易被輕忽或視之為傳統落後，從「魔豆」系列產品的成功案例中可見農業創新的潛力，一個新奇獨特的農業發明竟然能進軍國際市場，提高農產品的價值便能開創新商機。

3. 不斷創新才能反制抄襲

陳振哲以自身的農業背景和創意，在「魔豆」大獲成功後，並且持續推陳出新，其後開發出更多創新性的產品，不畏抄襲的挑戰。當你創造了一個成功的產品或概念，被抄襲幾乎是不可避免的，然而不要因而感到氣餒，而是應該持續推陳出新，不斷提高產品和服務的品質。

發明 6：穀東俱樂部
產業經營面向的創新

近年農業面臨氣候變遷、進口農產品競爭、人口老化及勞動力不足等問題，在這樣的背景下農民如何因應，以突破困境？「穀東俱樂部」對於未來的農業型態發展有著正面的啟發作用。

「穀東俱樂部」的創立者賴青松先生，2004 年在宜蘭三星鄉創立了「穀東俱樂部」，號召消費者來當「穀東」，實行委託種植，以有機耕作方式為穀東們種植新鮮的稻米。

「穀東俱樂部」的「穀票」制度是一種創新的經營模式，募集一群出資認「穀」的「穀東」，認購一年田間的收成，每位「穀東」依當年度認「穀」的數量，先繳交生產成本共同的管理基金，在指定的月份便可收到當月碾製的新鮮稻米。

身為「穀東」，也必須分擔天災所帶來的風險，如颱風、鳥害……等自然的損失，雖然比起市面上一般稻米種植方法，平均每台斤稻米的生產成本高了許多，但這樣自然、健康、新鮮又好吃的稻米還是大受「穀東」們的歡迎。

賴青松自己受任為「田間管理員」的角色，為穀東們種植安全的作物，將每年的收成，依「穀東」的「認穀」數量，按月分批將碾好最新鮮的稻米宅配分送到每位穀東家中。

田間耕作之餘，賴青松還會透過網路公布平時所記錄的「田間大事紀」，讓分散各地的「穀東」隨時上網就可瞭解田

間的狀況，而「穀東」們也可隨時和家人一起到田間參與農作，或察看稻米施作生長情形，共享田園之樂。

　　之所以願意從事辛苦的務農工作，起因於賴青松先生小時候曾在鄉村度過快樂的童年歲月，有感於目前國人的主食（稻米）生產過程的「不自然」，以及對農村的一份特殊情感，而決定下鄉從農，他堅持有機的耕作方式，不噴農藥、人工除草，用有機肥施作，種出「讓土地有尊嚴」的米。

　　由「穀東俱樂部」的創新思維經營管理模式，我們可獲得一些省思和啟發，即使是最傳統的農業，只要能掌握社會需求，以創新的思維用心經營，同樣能使產業煥發生機。

▲ 穀東合影
圖片來源：網誌「穀東俱樂部」
(http://v2.groups.com.tw/index.phtml?group_id=sioong)

Yeh Sir 創意啟發大補帖

1. 建立消費者與生產者的緊密聯繫

「穀東俱樂部」的創新經營模式，突破了傳統的農業框架，為農業帶來了新的活力。消費者以穀東的身分出資入穀，參與部分勞動，田間管理員則負責農務綜合管理，在其間，消費者的角色從單純的買米人也能加入生產者的陣線。而利用網路和社群媒體來提供即時訊息，大家共同交流互動，也能夠吸引更多參與者來了解與投入。

這個模式建立起一種穩定而互信的產銷制度，讓消費者與農作物的種植者之間成為緊密友善的合作關係，當消費者收到那一包包自己用心澆灌、陪伴的稻米時，感受到的是一份踏實與安心。

2. 找回人與土地的親密連結

賴青松認為「穀東俱樂部」的價值就在於傳達一種生活理念，一種重視環境的生活態度。「穀東俱樂部」的農作過程強調採用有機耕作方式，不使用農藥和化肥，「穀東」們也能與家人一起到田間參與農作、親近大自然，這些理念與作法有助於重新找回人與土地的友善連結，在生產更健康安全農產品的同時，也顧及了對環境的保護。

發明 7：泡麵

困境中的堅忍與創新思維

以開水沖泡即可食用的泡麵，以其方便性與平價而風行各國市場，是人們防颱防災、念書加班熬夜的良伴，或家中沒開伙時的方便餐食。泡麵的發明，是食品界的一大創新，此種麵條經過乾燥可以長期存放，以開水沖泡後，在短時間內即軟化為可食用的熟麵。

第一包泡麵的發明者，其實是日籍台人吳百福，他自述因看到拉麵店常大排長龍，因此想研發出方便美味的速食麵。1910 年日據時期，出生在嘉義朴子的吳百福自幼失去雙親，由在台南經商的祖父撫育成長，他從小耳濡目染，學會經商之道，年輕時經常往返台、日間經營生意，後來歸化日本籍，改名安藤百福。

身在日本的吳百福，1957 年因事業經營不善而破產，為了尋求東山再起的契機，他在自家後院小屋終日潛心研究如何做出好吃、容易料理又便宜且適合長時間保存的拉麵。

有一天，他看到妻子在炸天婦羅（てんぷら；Tenpura）時，發現「油炸」過程中會使麵條水分快速蒸發，而麵條表面也會留下很多小氣孔，當用熱水沖泡時，乾燥的麵條便能由這些小氣孔快速吸收熱水而回軟。得到靈感後，經無數次的實驗反覆操作，吳百福在 1958 年成功發明了「雞湯拉麵」，是世界上

第一包企業化生產的泡麵；又在 1971 年發明「合味道」杯麵，以使用杯子、叉子更方便的食用方式，把速食麵推向全世界。

▲ 安藤百福在 1958 年推出全球第一包泡麵「雞湯拉麵」（左）
吳百福攝於當年發明泡麵的小廚房（右）
圖片來源：日清杯麵博物館（安藤百福發明紀念館）
https://www.cupnoodles-museum.jp

　　台灣人愛吃泡麵，現今台灣的泡麵市場產值逾百億元、年銷數億包。而台灣的第一包泡麵出現在 1968 年，由台灣國際食品公司與日清公司合作所生產，當時售價台幣 3 元，價格相當於一碗陽春麵。一開始還沒有泡麵、速食麵的名稱，而是命名為「生力麵」，這是台灣第一款企業製造、行銷全台的泡麵，直到後來因經營不善而退出市場，但這款簡便又美味、可快速料理的生力麵，自此開啟了台灣的泡麵市場。

第一篇、台灣傑出好發明

Yeh Sir 創意啟發大補帖

1. 在失敗和困境中找到轉機

吳百福的故事是一個極具啟發性的典範，凸顯出在困境中的堅忍與創新思維如何找到轉機，帶來突破性的發明。當面臨破產時，他並沒有灰心喪志，而是積極尋找新的商機，這種堅忍不拔的精神對於創業者和企業家來說是非常重要的，因為成功往往伴隨著多次嘗試和挫折。這激勵我們在困難時期仍要堅持，不斷尋找解決問題的方法。

2. 創新思維應用於食品技術

創新思維是發明者吳百福成功的關鍵，他嘗試了不同的方法和配方，觀察烹飪過程中的現象，最終找到了泡麵的獨特製作方法，將創新概念轉化為實際產品。泡麵是一種方便、長時間保存的食品，對於繁忙的生活方式和突發情況（如颱風或災害）提供了便利，泡麵的發明展示了如何將食品技術應用於解決實際問題，以及科技和創新如何改善生活品質。

3. 跨文化與跨國界的影響

從泡麵的發明還可見出跨文化和跨國界的影響，泡麵已經成為現今全球飲食文化的一部分，被廣泛接受和享用，這告訴我們，一個小而創新的想法可以影響整個世界，無論發明者或產品是來自哪個國家或文化背景。

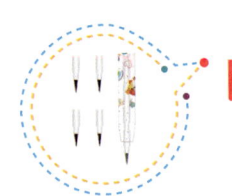

發明8：免削鉛筆
出自台灣、行銷全球

　　免削鉛筆是由一組小段的鉛筆頭組合而成的鉛筆，當最底層的鉛筆芯用完時，可拔下由上插回，達到替換鉛筆頭的目的。「免削鉛筆」的出現，是緣於一位父親在為女兒削鉛筆時感到太麻煩而發明出來的。

　　1960年代的台灣，當時有位造船工人洪蠔先生，每天下班回家時他總要為就讀小學的女兒削鉛筆。有一天，他下班後將戴在頭上的斗笠放到桌邊成疊的斗笠堆上時，想到待會兒又要為女兒削鉛筆，真煩人呀！於是靈機一動萌生創意發明靈感：若能像剛剛放斗笠時一樣，將鉛筆頭一支又一支重複疊起來，用鈍了就抽換另一支，這樣就不必再天天削鉛筆了呀！

▲ 免削鉛筆
圖片來源：Bensia（https://www.bensia.com.tw）

第一篇、台灣傑出好發明

經實驗後,洪蠣很滿意這樣的發明,並在 1964 年向當時的中央標準局申請了發明專利,這也引起了當時的紡織廠商人莊金池先生的興趣和關注,後來更以八百萬元的天價買下了專利權,企業化大規模生產銷售免削鉛筆。

「Bensia 免削鉛筆」還登上大英百科全書,是第一個聞名全球的台灣創意發明產品,其創意故事是爸爸為女兒削鉛筆所浮現的靈感,是令世界驚嘆的好創意妙發明,時至今日,仍是熱銷的文具商品之一。

▲ 1964 年免削鉛筆的發明專利申請
圖片來源:經濟部智慧財產局(http://www.tipo.gov.tw)

Yeh Sir 創意啟發大補帖

1. 敏銳的洞察力與解決問題的決心

「免削鉛筆」的發明，充分體現了創新的力量，以及普通人也能成為發明家的可能性。發明人洪蠣先生的靈感來自於為女兒削鉛筆時感到麻煩，因而激發了他的創造力，發明出一項行銷至全球的產品。其實創新無處不在，源頭可能來自於日常生活中的小困擾和需求，這提醒我們留心發掘周圍的問題，勇於提出解決方案。創新也不一定需要複雜的技術或資源，更重要的是來自於對問題的敏銳洞察力和解決問題的決心。

2. 知識產權促進經濟發展

其次，這個故事強調了知識產權的價值和重要性，洪蠣先生在 1964 年向中央標準局申請了發明專利，這一舉措使他的創意受到了法律的保護，也為他帶來了經濟上的回報。此後，專利權被出售給莊金池先生，這筆交易為台灣帶來了大量的外匯，展示了知識產權對經濟發展的重要性。

3. 台灣的創新能力與工匠精神

百能文具公司在購得「免削鉛筆」的專利後，更將這一產品推向國際市場，行銷世界九十多個國家，免削鉛筆的發明，帶來了經濟效益，成為台灣文具產業史上的一個成功範例，展現了台灣的創新能力和工匠精神。

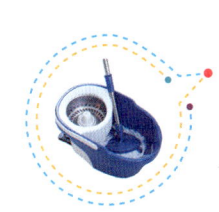

發明9：好神拖

為你的專利取一個響亮的名字

打掃拖地也能有好創意，在發明界清潔用品類中的台灣之光「好神拖」，自2007年上市以來可謂是全球旋轉式拖把的先趨，迄今銷售超過上億組，曾獲德國紅點設計獎、台灣精品獎等獎項，行銷美加、歐盟、澳洲、日韓、東南亞等地。

「好神拖」的點子靈感由來，最早是由位於花蓮從事開設餐廳的丁明哲先生所發明，當年他開餐廳每天打烊時，都必須拖地打掃餐廳清潔環境，每天遇到沙發、櫃子底部時，因傳統拖托厚度太高而伸不進去，遇到桌腳或柱子拖把就會卡住。

為了改善自己每天的工作所需，於是靈機一動，他設計出扁平圓盤狀的拖把，圓盤狀拖把遇到桌腳、柱子可自動旋轉滑過不會卡住，而且圓形拖把可利用離心水槽的離心脫水，省去用手擰乾且太費力的缺點，而且因拖地過程中不再需要用手去接觸髒兮兮的拖布，讓使用者的手保持乾淨衛生，此發明便於2005年申請了專利。

丁明哲先生花了二年的時間，到處找人合作想開發成商品，卻都未能完成商品化。直到經友人介紹鉅宇企業負責人林長儀先生，因林長儀先生以彈簧產品及塑膠射出廠起家，熟悉如何產品設計商品化及生產行銷等，於是二人一拍即合，成功的將扁平圓形拖把商品化生產製造出來。

▲ 好神拖產品
圖片來源：好神拖（https://www.360mop.com）

　　「好神拖」此一商品名稱的由來，也有一段有趣的過程，當產品開發出來，工作人員在試用時，發現使用效果實在太好了，於是脫口讚嘆說了一句：「哇！好神」。後來經公司討論，覺得此一讚嘆聲「好神」不但讓消費者好記，更可顯現出這支拖把的好用與神奇，於是「好神拖」這樣的商品名稱就此確定了，也成為日後圓形旋轉式拖把商品的代名詞。

　　其實，好的發明創意靈感構想，就在我們的身邊生活環境中，只要平時多加留意身旁的困擾與不方便，小創意也能創造大商機。

Yeh Sir 創意啟發大補帖

1. 創新不必從零開始

　　創新的核心是解決問題,「好神拖」創意的起源來自於一位餐廳老闆每天打掃而面臨的挑戰,為了簡化日常工作,因而發明出更有效率的拖把,可見創新不一定要從零開始創造全新的東西,而是可以透過改進現有的產品或過程來實現。此外,創新也不一定出自高科技領域,它可以出現在日常生活各方面,只要多加留意身邊的困擾和不便,發掘自身的創意潛力,思考如何改進它們,小創意也能帶來商機和成功。

2. 品牌定位與行銷策略

　　「好神拖」這個名字是在實際使用中產生的,並且能夠吸引消費者的注意力,突出了產品的優點,這便是一個好的產品名稱。可見得一個產品的成功,產品命名、品牌定位與行銷策略也是影響甚鉅,可以推波助瀾,幫助產品在市場上建立品牌認知度。

3. 團隊合作是實現創新的關鍵

　　「好神拖」產品的成功,得力於合作無間的夥伴關係,以及不同領域專業知識的結合,丁明哲先生在多次嘗試後找到了一位懂得如何將這個創意變成商品的合作夥伴,凸顯了團隊合作和不同領域專業知識的結合,是實現創新的關鍵。

第二篇、民生發明好實用

發明 10　郵票：方寸之間的創新與變革
發明 11　郵票齒孔：最醒目的小標誌
發明 12　螺絲與螺絲起子：最偉大的小發明
發明 13　筷子：歷史悠久的餐具發明
發明 14　橡皮擦：用消除法擦去錯誤
發明 15　立可白：用塗抹法遮蓋錯誤
發明 16　原子筆：新穎、時髦的成功命名
發明 17　OK 繃：包紮 DIY，簡單 OK
發明 18　魔鬼氈：發明靈感蘊涵在大自然中
發明 19　可彎式吸管：愛與關懷是發明的動力

本篇將介紹許多民生用品發明的力量與啟示，在這類故事中，你會發現其實發明並非一定要有專門技術的人才能做到，這類型的發明創作只要你有創意，再加上一點巧思，只需具備一般生活知識者就可以了，就連家庭主婦都可以發明的。例如郵票的發明、立可白的發明……等，這也就是在「發明原理理論」中，所謂的「非專業發明」。

　　創新發明的主要目的是改善人們的生活，這一理念不僅僅屬於科技公司或發明家。無論是高科技還是日常小發明，創造力可以運用在任何行業，解決生活中的困難，提升生活品質。以立可白的發明為例，美國德州有位秘書小姐貝蒂·奈斯密斯在工作中常遇到打字錯誤難以糾正的問題，受粉刷工人重新粉刷門窗的啟發，發明了將錯字塗上白色顏料的修正液。這個簡單的創意解決了她的困擾，後來成為了成功的商業產品，命名為 Liquid Paper（立可白）。她的發明不僅改善了打字工作的便利性，最終以高價出售，展示了創意的價值。

　　這些故事展示了創新如何來自於日常生活中的觀察和需求，無論大小問題，只要有創意和堅持，就能找到獨特的解決方案。創新和改變不僅僅是科技公司或發明家的專利，而是每個人都可以參與的事情。這些發明改善了人們的生活，展示了創新的力量，激勵我們在日常生活中尋找解決問題的方法，並對自己的創意充滿信心。

發明 10：郵票

方寸之間的創新與變革

郵票發明者是誰呢？發明郵票背後有個愛情故事。世界上第一批郵票在英國發行，發明者是英國人羅蘭‧希爾（Rowland Hill），郵票的票面是黑色的，上面印著英國維多利亞女王的浮雕像，每枚面值一便士，後來人們稱它為「黑便士」郵票。

古代交通不便，也無通訊工具，而故事就發生在 1836 年的夏天，一位英國的教師羅蘭‧希爾先生正在倫敦郊外的一個村莊渡假。有一天，他在散步時，聽到從後面傳來一陣馬蹄聲，原來是一位郵遞員正騎著馬送信而來。郵遞員來到一間簡陋的農舍小屋前，高聲喊道：「請問愛麗絲小姐在家嗎？有妳的信。」

這時候屋裡走出一位姑娘，郵遞員取出一封信要交給她，並說道：「愛麗絲小姐，請妳付五便士的郵費！」（這郵費並不便宜，相當於時下工人一天的工資）。但愛麗絲看了信封一眼，便對郵遞員說：「真的很抱歉！我家境拮据沒錢付郵費，這信我不能收，請您把信退回去吧。」郵遞員回答：「信我已經送到了，您怎麼能不付郵費呢？」「可是我真的沒錢呀！怎麼辦呢？」兩人便爭執了起來。

羅蘭‧希爾在一旁見狀，便向郵遞員說：「郵費我幫這位姑娘付。」當郵遞員離開時，愛麗絲小姐除了向羅蘭‧希爾致謝外，也說道：「先生，這封信我是可以不用收的，因為我已

經知道信中的內容了。」羅蘭‧希爾聽了一頭霧水：「妳信還沒打開，怎麼知道內容是什麼呢？」羅蘭‧希爾幫忙打開了信封，信中是空的。追問之下，姑娘說出了原因：因為她家境窮困付不起郵費，於是和在遠方的情郎有一個約定，當在信封角落上畫一個圓圈暗號，就表示情郎是一切平安的，而姑娘看到這個暗號，不用收信付郵費就可明瞭情郎的近況。羅蘭‧希爾聽了十分同情這對情侶，深深地嘆了一口氣便默默地走開了。

　　於是，羅蘭‧希爾決定要設計一個具科學方法的郵政收費辦法，經過反覆思考後，他提出由寄信人購買一種「憑證」，然後將「憑證」貼在信封上，表示郵資已付。1839 年，英國財政部採納了羅蘭‧希爾的建議，編列了下一年度郵政預算，並經維多利亞女王批准公布，於是在 1840 年 5 月，英國郵政管理局發行了世界上第一批郵票。

▲ 黑便士郵票（左）、郵票的發明者—羅蘭‧希爾（右）
圖片來源：123RF 圖庫（https://123RF.com）、
中華郵政全球資訊網（https://www.post.gov.tw）

Yeh Sir 創意啟發大補帖

1. 一段愛情故事激發的創新發明

一枚小郵票的發明，其背後有一個動人的愛情故事，這個故事是發明的靈感之源，觸發了發明者的思考，他想要找到一種更公平、更有效的郵資收取方式，使每個人都能夠負擔得起通訊的費用。

由此可見，發明的靈感來自生活中的切身感受、體驗和觀察力，創新和改變並不一定來自於高科技或大型計畫，它們可以源於對生活中平凡事物的關注，以及對個人情感的深切體驗。

2. 郵票發明與郵政改革並行

1840年全世界第一枚郵票誕生於英國，發明者羅蘭‧希爾除了以郵票作為寄件者「郵資已付」的證明，並推動郵務改革，降低郵寄費用。他的發明與種種舉措改變了郵政系統，使郵寄信件作業更加方便和高效。此外，羅蘭‧希爾的故事也強調了執行的重要性，他不僅有了想法，並付諸於實踐，最終改變了世界，成為世界各國郵政系統的典範。

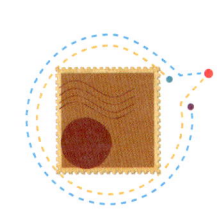

發明11：郵票齒孔
最醒目的小標誌

現代的郵票邊緣都帶有鋸齒小孔，方便人們撕下來貼在信封上使用。郵票齒孔即指郵票周圍的鋸齒狀孔洞，是在個別郵票尚未分離前，於郵票之間的空隙上打上的洞。郵票齒孔雖然易被忽視，但是對於我們來講，那些小齒孔不失為郵票上最醒目、最易識別的標誌，人們一看到齒孔就能識別出那是郵票。

早期的郵票並沒有這樣的設計，人們使用時必須用剪刀才能剪開，相當不方便，直到1848年，才由英國的發明家亨利・阿察爾（Henry Archer）發明出具有鋸齒孔的郵票，以手撕開就能使用。有了齒孔以後，就極大地方便了郵局和用戶的使用，用打孔機打上圓孔或是壓痕，最直接的作用就是能夠更快更好地將其撕開。

郵票鋸齒孔的發明過程據說是這樣的：1848年某天在倫敦一家小酒館喝酒的亨利・阿察爾，看到鄰桌一位顧客從包包裡取出一大版的郵票，想要裁切成一小張的郵票貼在信封上，但自己沒帶剪刀，便向老闆借，不巧老闆也沒有剪刀。

這位顧客先是看看周邊有什麼工具可以使用的，沉思了一下，便從自己的西裝衣襟上取下了一根別針，用針尖在郵票四周間的連接處扎了一連串的小孔，然後輕輕一撕，就完整地撕下了幾張的小張郵票。

這個場景讓亨利・阿察爾看到之後，便有了靈感啟示：如果能製造出一台打孔的機器，在兩張相鄰小郵票連接處之間，都打上鋸齒小孔，不需工具用手就能撕開，使用起來就會更方便了。

　　於是就在當年，一台裝有兩個滾輪切刀的打孔機被亨利・阿察爾研製出來了，它能打出由縱向和橫向切口組成的連續性齒孔，這台能在郵票四周打出鋸齒孔的機器後來賣給了英國郵政管理局，於是新式樣帶有鋸齒孔的郵票就此誕生了，小小的發明改善了生活中的不方便，廣及沿用到今日世界。

▲ 郵票四周鋸齒孔便於手撕
圖片來源：123RF 圖庫（https://123RF.com）

Yeh Sir 創意啟發大補帖

1. 小小發明,輕鬆手撕

亨利・阿察爾對於郵票四周鋸齒孔的發明,提醒人們創新源於生活中的小細節,由於他的觀察和靈感啟示,將一個看似微不足道的困難轉化為一個方便的解決方案。

郵票齒孔的發明,不僅僅是一項技術創新的歷程,更是人類智慧與創造力的結晶,從最初的別針刺孔到現在的自動化打孔機,每一步都凝聚著無數人的智慧和努力,這些齒孔呈現了郵票的發展歷程,見證了人類社會的進步與創新。

2. 郵票世界盡覽方寸之美

郵票主題包羅萬象、設計精美,不僅作為郵資支付的憑證,也成為集郵者珍貴的收藏,各國所發行的郵票,記錄著重大事件、紀念傑出人物、突出重大進展等,使得一枚小小的郵票,在方寸間反映出歷史文化、風俗民情,見證著時代更迭。

而齒孔的存在,不僅讓郵票在使用上更加便捷,也賦予了郵票獨特的藝術魅力,每一枚齒孔也像是郵票上的一扇小窗,透過它,我們可以窺見郵票背後的故事和歷史。

發明 12：螺絲與螺絲起子
最偉大的小發明

螺絲（Screw）或稱螺絲釘，是一種常見的緊固件，在機械、電器及建築物上廣泛使用，螺紋是一個環繞螺絲側面的螺旋傾斜面，讓螺絲可應用螺旋機制緊鎖著螺帽或其他物體上。

螺絲的發明讓人類可以輕易地將物件緊密的接合緊固，但它也是經常被忽略的一個小東西，綜觀我們的生活周遭，大多數的產品其實都是由螺絲所串連結合，如手機、眼鏡、手錶、腳踏車、汽車、火車、飛機等等，若將螺絲瞬間抽離，所有的產品會瓦解至不可使用的狀態。

螺絲起子（Screwdriver），也稱作螺釘旋具、螺絲刀，是用以旋緊或旋鬆螺絲的工具，主要有一字（負號）和十字（正號）兩種。在現代生活中，這看似不起眼的螺絲與螺絲起子隨處可見，它們的發明時間比我們想像得還要古老！當然，現代的螺絲與螺絲起子，已經改良及演化出非常多樣式及新功能出來。

螺絲的概念源起可以追溯到西元前，西元前3世紀前後，為解決用尼羅河水灌溉土地的難題，希臘科學家阿基米德（Archimedes）發明了圓筒狀的螺旋揚水器，第一次提出螺旋線的描述，後人稱為「阿基米德螺旋」。「阿基米德螺旋」是一個裝在木製圓筒裡的巨大螺旋狀物，用來把水從一個水平面提升到另一個高處的水平面，對田地進行灌溉。

中世紀時，木匠們使用木釘或金屬釘子把家具和木頭結構的建築物連接起來；16世紀時，製釘工人開始生產木質帶螺旋線的釘子；1797年，英國人莫茲利製成第一台螺紋切削車床，它帶有絲桿和光桿，採用滑動刀架—莫氏刀架和導軌，可車削不同螺距的螺紋，製造出全金屬螺絲釘。1936年，亨利·飛利浦（Henry Phillips）為十字槽釘頭的螺絲釘申請了專利，這種設計使螺絲起子自動居中，不易滑脫，因此深受歡迎。

關於螺絲起子的發明者是誰，已難考據，依波蘭裔英國經濟學家塔杜斯·羅伯津斯基（Tadeusz Rybczynski）的研究，證明手持的螺絲起子，早在15世紀之前就已經存在使用，不過到了18世紀，配合大量商業化的全金屬螺絲釘，才開始被廣為使用至今。

▲ 現代螺絲與螺絲起子，已經改良及演化出非常多的樣式及新功能
圖片來源：葉忠福攝

Yeh Sir 創意啟發大補帖

1. 小小工具，推動世界進展

小小的螺絲和螺絲起子不僅是工具，更是人類進步的見證，螺絲與螺絲起子的發明讓我們意識到，在科技發展中，有些看似微不足道的小發明實際上扮演著關鍵角色，並對現代生活產生了深遠的影響。這個看似簡單的工具對建築、機械、電子產品和其他各個領域的發展都至關重要。

螺絲的出現帶來了更緊密和可靠的結構，無論是在房屋建造還是機械設備中，螺絲的使用都能將不同零部件牢固地連接在一起，對於建築和工程領域意味著更大的安全性和穩定性。螺絲起子的出現則讓人們能夠更容易地操作和安裝螺絲，提高了工作效率，節省了時間和精力。

2. 發明是持續改良的結果

許多重要的發明並不是由單一的發明者所創造，而是在不同時代和地點獨立出現，或是經過幾個世代的持續改良。螺絲的使用歷史可以追溯到古代埃及，螺絲起子的起源也無法確定，而螺絲起子的不斷改進和演化，也使其能夠應對各種不同的螺絲設計，包括十字槽和其他型式，更提高了其實用性。我們應該珍惜那些看似微不足道的小發明，因為它們可以改變整個世界，同時，這也激勵我們不斷追求改進，以滿足不斷變化的需求，並在技術領域中發揮創造力。

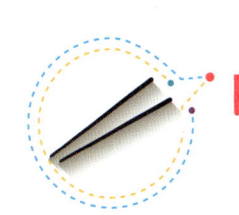

發明 13：筷子
歷史悠久的餐具發明

筷子（chopsticks）的使用源於古代中國，至今有三千年以上，後來流傳到日本、越南、韓國等，為世界上食器使用歷史最悠久，也是結構最簡單且物美價廉、用法多變的偉大食器發明，它具有挑、撥、夾、拌、扒等多功能。筷子也是當今全球的一種獨特餐具，有別於另外兩大食器系統，如歐洲和北美所用「刀、叉、匙」食器系統，和印度所用的「徒手抓食」系統。

在先秦時期稱筷子為「梜」，秦漢時期稱「箸」，古人十分講究忌諱，因為「箸」與「住」字是諧音，「住」有停止之意，為不吉利之語意，故就反其意而稱之為「筷」，這就是筷子名稱的由來。

筷子的發明者到底是誰？現今已難以考據，但其本上有三種傳說：一說為商朝紂王時期的妲己所發明；一說為周文王時期的姜子牙；另一說則為堯舜時代的大禹。經歷史學家考證，認為筷子應是大禹所發明的可信度最高。

據傳說，大禹發明筷子的故事為：在堯舜時代，洪水經常氾濫成災，舜命令大禹去治理水患！大禹受命後，發誓要為人民解決洪水之患，所以三過家門而不入，他日以繼夜的思考和工作，別說休息，就連吃飯、睡覺也捨不得多耽誤一分鐘。有一次吃飯時，肉在水中煮沸後，因燙手無法馬上用手抓食，大

禹不願浪費時間等肉冷卻，便砍下兩根樹枝把肉從熱湯中夾出來吃了。從此，為節約時間，大禹總是以細竹或樹枝從滾燙的熱鍋中撈食，手下的人見他這樣吃飯，既不燙手，又不會使手上沾染油膩，於是紛紛仿效，就這樣大家漸漸形成了進食時使用筷子的習慣。而後也因竹子容易取得，纖維直挺且緊密，重複清洗使用也不易發霉，是很好的製筷材料，受到大多數人的喜好，所以後來無論是「箸」或「筷」，都是以「竹」為部首的字。

　　筷子造型與飲食文化有關，中國筷子平頭；日本筷子尖頭；韓國筷子金屬。因中國餐飲文化中，不允許夾不起時，用筷子扎起食物，因扎饅頭扎飯是祭奠死人的。而日本極愛生食，尤其生魚片，因生魚片滑而不易夾住，故日本文化裡是允許扎住魚片的，如同魚叉一般。又因韓國喜愛燒烤，竹筷子上了爐台易著火，於是金屬筷子就應運而生，而筷子後方的四角造形，是為了放在餐桌時不會亂滾。

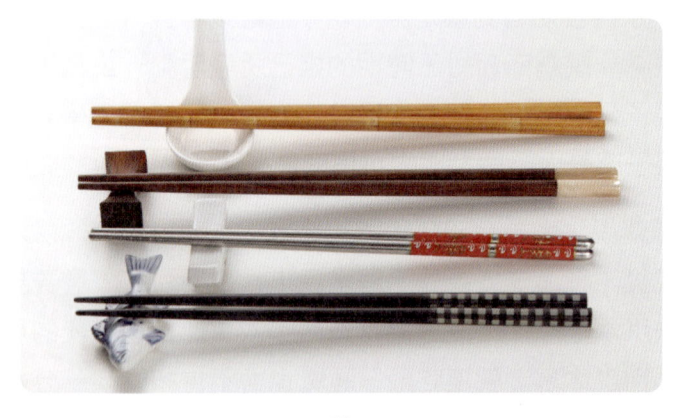

▲ 筷子
圖片來源：123RF 圖庫（https://123RF.com）

第二篇、民生發明好實用

Yeh Sir 創意啟發大補帖

1. 古老智慧與技術的持續演進

筷子的起源充滿了傳說和古代智慧,不管是大禹的洪水治理故事還是「箸」和「住」的諧音,都強調了人們如何透過解決實際問題來發明新工具,這啟示我們,創新常常出於對問題的深入思考和解決,源自對快捷而高效方式的需求。

筷子存在於人類文明已有三千多年的歷史,是世界上食器使用歷史最悠久的工具之一,它的持久性表明了其實用性和適應性,從古代到現代,筷子勝任著各種用途,見證著古老的智慧與技術的持續演進,同時也啟發我們在面對問題與創新發明時,可以借鑒古代智慧,尋求更好的解決方案。

2. 不同文化對工具的使用與創新

作為世界上最特殊的餐具,筷子具有悠久的歷史和多種文化元素,縱觀筷子的起源、結構、以及不同國家的使用習慣,能夠讓我們理解不同文化和工具的背後故事。筷子的不同形式與各國的飲食文化有著密切關係。中國筷子平頭,適用於夾取各種食物;日本筷子尖頭,適合處理生魚片等滑溜的食材;韓國筷子則採用金屬材質,抵禦了高溫的食物燒烤。這反映了不同國家的飲食偏好和烹飪方式,同時也展現了筷子的多功能性,我們可以從中瞭解到文化對工具的塑造和創新,以滿足各種需求。

發明 14：橡皮擦
用消除法擦去錯誤

　　橡皮擦是現代人生活中習以為常的文具，橡皮擦是由什麼材料製成？為什麼能擦去筆跡？橡皮擦發明之前人們寫錯字怎麼處理？一塊小小的橡皮擦，其背後蘊涵著歷史背景、商品化過程及相關專利故事。

　　鉛筆筆芯為石墨（Graphite）製成，紙是由纖維所製成的，表面細部纖維突起和皺紋，當在紙上寫字時，筆尖上的石墨粉會與紙上突起和皺紋接觸石墨被磨下來，而留下字跡。

　　而橡皮擦的主要構成材料是橡膠，當橡皮在紙上摩擦時，石墨分子與橡皮接觸後結合得很好，紙與橡皮結合得較差，因此石墨就從紙上被帶走了，而留下一些橡皮屑渣，這就是橡皮擦擦去筆跡的原理。

　　在橡皮擦尚未發明以前，歐洲人是用出爐已久硬掉的舊麵包來擦掉鉛筆字跡的。1770 年，英國工程師愛德華‧納爾恩（Edward Nairne），一次無意之中撿到一塊橡膠當作麵包屑擦去筆跡，發覺效果很好。他嗅到商機，將橡膠切成小方塊開始進行銷售，被認為是第一位發明橡皮擦且商品化的人。

　　1840 年代初期，美國發明家查爾斯‧固特異（Charles Goodyear）投入橡皮擦的硫化製程研發，在天然橡膠中添加硫磺及在高壓下蒸煮，這比天然橡膠更好用了。

1858 年美國費城的海曼・利普曼（Hymen Lipman）因為在鉛筆尾部把橡皮擦嵌入，使鉛筆與橡皮擦合而為一，在使用上更方便，而取得了一項專利。

但後來這種附有橡皮擦的鉛筆，在 1875 年被商業競爭對手提起舉發訴訟，之後被判定「只是把兩項已有的東西嵌在一起，簡單的說只是一加一等於二的功能，而非比原本二項東西結合後，可產生更創新的第三功效出來」，由於不是新的技術發明，欠缺了專利要件中的「進步性」條件，因而被取消了專利權。

▲ 橡皮擦（左）與附有橡皮擦的鉛筆（右）
圖片來源：123RF 圖庫（https://123RF.com）

Yeh Sir 創意啟發大補帖

1. 保持警覺,善用觀察力

愛德華‧納爾恩之所以發明出橡皮擦,起源於一次無意中撿到一塊橡膠時,他的觀察使他看到了橡膠的潛在用途,從橡皮擦的發明故事可見偶然性和觀察的重要性。這提醒我們要保持警覺,並善用觀察力,因為突如其來的想法可能正是引領向成功的商業之路。

2. 在既有基礎之上改進與創新

橡皮擦的發明故事還凸顯了改進與創新的重要性,查爾斯‧固特異的硫化製程和海曼‧利普曼的橡皮擦設計,都是在現有技術基礎上的改進,這些創新提高了橡皮擦的性能與使用的便捷性。

3. 善用專利保護知識產權

專利是保護知識產權的重要工具,雖然海曼‧利普曼獲得了橡皮擦的專利,但專利後來被取消,因為它被認為不符合專利要件。這提醒我們,在保護自己的創新時,必須確保符合法律要求,並嚴謹地處理知識產權事務。

發明 15：立可白
用塗抹法遮蓋錯誤

　　現今人們普遍使用的文具立可白，又稱修正液，是一種白色不透明顏料，塗抹在紙上以遮蓋錯字，乾涸後可於其上重新書寫。在台灣，「立可白」其名原指修正液特定品牌「Liquid Paper」之音譯，也是最早在台灣上市的品牌，傳統上用小瓶子來包裝，瓶蓋附帶一支小掃帚或者三角形的發泡塑膠浸在修正液裡面。近年出現筆型的立可白，筆管內裝有彈簧，將筆尖按在紙張上可溢出立可白，這比掃帚型更能平均地塗出，也不會像瓶裝的容易乾涸。

　　立可白的出現帶來很大方便，Liquid Paper 是「液體紙」的意思。而中文譯成「立可白」也是個很棒的商業用語翻譯，不但發音近似，且一看便會有「塗上立刻變白」的直覺聯想。

　　立可白是由一位美國女性發明，在德州長大的貝蒂・奈斯密絲（Bette Nesmith），1951 年任職於德州信託銀行的秘書工作時，經常需要使用打字機，而當打錯字時，幾乎沒有辦法擦掉修正，一整頁的文件就必須重打，這個問題一直困擾著她。

　　有一次在聖誕節前夕，她看到銀行請了一些工人在重新粉刷門窗，頓時她心中有了錦囊妙計，打錯字時，何不像粉刷工人一樣，把錯字刷上白色顏料，待顏料乾了之後再重新把字打上就行了，這個秘密方法她一直藏著，但後來還是被她的同

事知道了,她說:「打錯字是不太光彩的事情,能不說就不說吧!」

打錯字或寫錯字是大家常遇到的困擾,這個秘密方法傳開來後,很多同棟辦公大樓的同事,都來向她要這種修正液,後來當地的辦公室用品公司建議她把這個點子拿來賣錢,她這才了解原來創意是有價的,是可以賺錢的。

起初她把這個發明命名為 Mistake Out(除錯液),後來覺得這個名稱太拗口了,也不好記,於是又改名為 Liquid Paper(立可白),就是「液體的紙」之意,並申請了商標及專利,企業化經營。1976 年,她把「立可白」公司以四千七百萬美元的高價賣給了吉列集團,自己則投入公益慈善事業,過著財富自由的退休生活。

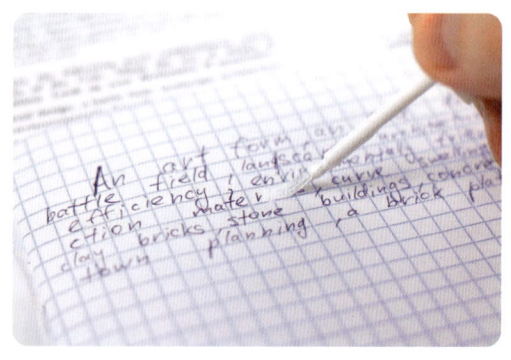

▲ Liquid Pape 修正液及其使用方式
圖片來源:維基百科(https://en.wikipedia.org/wiki/Liquid_Paper)、123RF 圖庫(https://123RF.com)

Yeh Sir 創意啟發大補帖

1. 工作中的問題激發創新動力

Liquid Paper（立可白）的發明，源於貝蒂・奈斯密斯在工作中遇到的實際問題，即打字錯誤難以修正，這個問題看似微不足道，但正是激發她創造發明的動力。在工作中，我們也會時常遇到問題，不要輕忽以待，也許這正是獨特的解決方案或創意產品的產生契機。

2. 敏銳觀察，開放思維

立可白雖然是一個小小的文具用品，但改善了許多人的工作方式，發明者最初的想法，是將打字錯誤之處塗上白色顏料，就像粉刷工人在門廳處刷漆一樣，經過不斷嘗試，這個簡單而巧妙的方法最終造就出一項成功的商業產品。可見並不一定需要具有複雜的技術或高度的科學背景，一般人只要留心觀察生活周遭，保持開放思維，也能展開自己的創新發明之路。

3. 小發明的大商機

立可白的發明，是小創意變成大商機的成功案例，貝蒂・奈斯密斯將自己的創意變成了一個暢銷的產品，使她成為一位成功的女企業家，最終以高價出售公司，獲得財富自由。由此可見，創意和發明是有價值的，不僅解決個人問題，還能帶來商機和經濟回報。

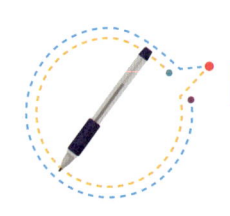

發明 16：原子筆
新穎、時髦的成功命名

原子筆（Ballpoint Pen），又稱為圓珠筆或走珠筆，其原理是筆芯在大氣的壓力和油墨的重力的雙重作用下，油墨由油管流向筆頭的球珠座裡，然後油墨黏附在球珠上。書寫時，黏附在球珠上的油墨隨著球珠在書寫面上的滾動而黏附在書寫面上，形成字跡，而達到書寫的目的。

▲ 原子筆
圖片來源：123RF 圖庫（https://123RF.com）

美國人約翰・盧德（John J. Loud）為了方便在皮革、木材的表面上寫字，1884 年發明了世界上第一支圓珠筆，並在 1888 年取得專利。但由於在供墨上面臨墨水出水不均、堵塞和漏墨現象，問題一直無法解決，直到專利過期了仍無法商品化。

到了 1930 年代，有位在匈牙利報社工作的人比羅‧拉斯洛（Biro Laszlo），從報紙印刷的快乾油墨中獲得靈感，他請化學家的弟弟比羅‧傑爾吉（Biro Jergi）改良墨水配方與圓珠的製造精度，終於克服了供墨不順的問題，實現真正的商品化。剛發明時一支要價高達 10 元美金，在當時可是很貴的。

圓珠筆筆尖有一顆直徑約 0.1 公分的「小鋼珠」，它是由鉻和鋼的合金所製成，非常耐壓、耐磨，小圓球在筆尖的凹窩裡，這個小圓球是圓珠筆最大的特色，這小圓球對「真圓度」的要求非常高，也是製造時最關鍵的技術所在。

至於「原子筆」中文名稱的由來，是因這款筆在 1960 年代引入華人社會時，產品並無中文名稱，適逢原子科學研究的興盛時期，當時「原子」是流行的名詞，給人非常高科技的先進感覺，許多商品都在名稱冠上「原子」兩字，有種時髦、提升商品形象、助於銷售的效果，將此產品命名為「原子筆」代表取用不完、源源不絕的意思，也和英文直譯「圓珠筆」的讀音相近。此外，原子筆的筆尖圓珠非常微小，是關鍵技術所在，以「原子」來形容也是非常恰當，於是「原子筆」這個容易被大眾記住的中文商品名稱就此確定了，由於是很好的產品再加上有很棒的名稱，很快的就成為熱賣的商品。

至於台灣第一支國產原子筆，是由玉兔牌製造並命名，於 1966 年生產推出，這展示了台灣在筆具生產領域的實力，以及台灣企業的創新能力。

Yeh Sir 創意啟發大補帖

1. 創新發明無國界

從原子筆的發明過程可看出創新和發明的多元來源，原子筆是一種日常用品，但它的發明源於不同時期和不同地方的創意思維。由美國人約翰・盧德提出的圓珠筆，以及由匈牙利人比羅・拉斯洛和比羅・傑爾吉改良的原子筆，都為這一實用工具的發展作出了貢獻。這提醒我們創新無國界，來自不同背景和文化的思想都可以促進科技的進步，因此，我們要有開放的思維，尋找各種可能的靈感來源，包括不同的領域和時代。

2. 成功的命名策略

產品名稱的選擇與定位，對於市場營銷至關重要，原子筆之所以成功，部分原因在於其簡潔而現代的名稱。原子筆的起源其實與原子彈完全不相關，此名稱由來反映了當時的社會環境，在 1960 年代，「原子」一詞具有高科技和現代感，是一個流行和吸引人的名稱，因此將「圓珠筆」命名為「原子筆」，凸顯了產品的創新性和現代性。這種命名策略，在當時成功地提高了新產品的知名度，並在華人市場中建立了原子筆的品牌。

發明 17：OK 繃
包紮 DIY, 簡單 OK

邦迪（BAND-AID）的註冊商標，是美國強生醫療產品公司一種用於保護小傷口的 OK 繃（中國大陸稱創可貼），最早在 1921 年上市，由埃爾・迪克森（Earle Dickson）所發明的，至今已有百年歷史了。

發明者埃爾・迪克森和約瑟芬剛結婚時，因太太對烹調毫無經驗，常在廚房切到手或燙傷自己，埃爾那時正任職於一家生產外科手術繃帶的公司，為她包紮儼然成了慣常作業。由於當時沒有現成的傷口黏貼膠布，太太總要等到埃爾回家幫忙才可包紮傷口，埃爾心裡想，要是能有一種包紮繃帶，在太太受傷而無人幫忙時，她自己能包紮就好了。

於是，他開始做起實驗，把棉紗布覆蓋的黏膠帶上，每隔一段距離便置放一塊，如此一來，棉紗布和黏膠帶做在一起，就能用一隻手來包紮傷口。這樣太太受傷後，只須剪下一段帶子，就可為自己包覆傷口了。

埃爾把他的「發明」告訴強生公司上司，不久這種保護小傷口的黏貼膠布就上市了，而此產品透過二戰時美軍的廣泛使用，更快速的流傳行銷到世界各國。

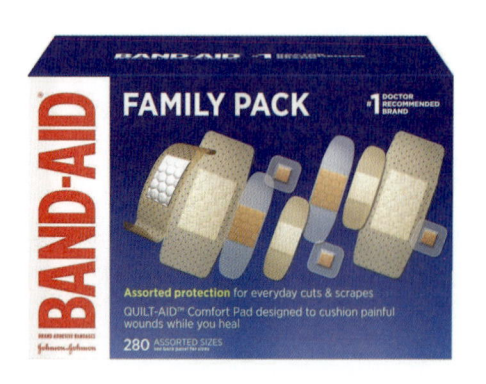

▲ 各式尺寸的 OK 繃產品
圖片來源：BAND-AID（http://www.band-aid.com）

　　這種保護小傷口的黏貼膠布，會以邦迪（BAND-AID）為註冊商標，是因邦迪曾聘請名醫救活埃爾童年當時相依為命的叔叔，埃爾為了感謝邦迪先生曾經慷慨善心相助，也為了幫助更多意外受傷的人，正好 Band 也是指繃帶，Aid 是幫助急救的意思，因此而以邦迪的名字為此產品命名。後來，J&J 公司就把 BAND-AID 作為各種急救和手術繃帶產品的品系名稱，而後也成了繃帶的同義詞。

　　至於為什麼通稱為「OK 繃」呢？強生公司生產的 BAND-AID 在傳入日本的時候，一般稱為「救急絆創膏」（きゅうきゅうばんそうこう），或是簡稱「絆創膏」（ばんそうこう），而在引進台灣行銷時，取了比較簡單而且好發音的品名「OK 繃」，「OK」是使用簡單一貼就 OK 的意思，「繃」是日文中「絆」（ばん，ban）的相近發音，同時也是源於英文 band 的發音，這樣一個很棒的產品名稱，在行銷上也起了很大的加分作用。

Yeh Sir 創意啟發大補帖

1. 愛和關懷，激發創新動力

關於 OK 繃的起源，充分體現了愛和關懷與創新的力量，以及人們在日常生活中解決問題和改進生活品質的能力。埃爾·迪克森創造 OK 繃的初衷是為了幫助時常在家中受傷的妻子，他希望能提供一種方便的方法讓妻子自行處理傷口。當面臨妻子的困難情況時，他不僅停留在同情和關心上，而是主動尋找解決方案，運用自己的職業知識和創造力，因而發明出能夠簡化傷口處理的方法。

OK 繃雖然最初是為了解決家庭傷口的小問題而創建的，但它的應用迅速擴展到醫療和軍事領域，成為一個全球性的品牌。由此可見，一個小的改進或創新，如果得到廣泛接受，就能對社會產生深遠的影響，影響甚至遍及世界。

2. 產品名稱與品牌識別的作用

「BAND-AID」名稱的由來是發明者為了感謝恩人邦迪先生的幫助，將 OK 繃以邦迪的名字命名，並將這一創新產品分享給更多人，這體現出善意和回報社會的價值觀，並蘊涵了對他人的關心和感激之情。至於中文「OK 繃」是一個簡單而容易記住的名稱，使這種產品在市場上取得了成功。由此可見，選擇一個好名稱和品牌識別，可以在推廣產品時發揮關鍵作用。

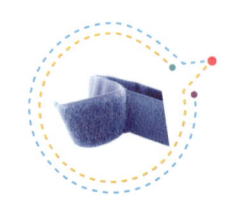

發明18：魔鬼氈
發明靈感蘊涵在大自然中

魔鬼氈是一種纖維製成的緊固物，它是由二片尼龍絲編織而成，一片有微小的鉤子，另外一片有微小的環圈，當兩條編織物用力壓緊時，鉤與環相結合，就能牢牢地緊扣在一起了。

▲ 魔鬼氈鉤狀結構（左）、魔鬼氈環狀結構（右）
圖片來源：維基百科（https://zh.wikipedia.org/zh-tw/ 魔鬼氈）

魔鬼氈的發明，可以說是 20 世紀最實用的發明產品之一，魔鬼氈的發明靈感源自於牛蒡花的帶刺果實。

▲ 牛蒡的帶刺果實（左）、咸豐草種子（右）
圖片來源：123RF 圖庫（https://123RF.com）

1948 年，瑞士工程師發明家喬治・梅斯倬（George de Mestral），在一家瑞士小鎮的機械工廠當工程師，某日他帶著愛犬至阿爾卑斯山打獵，途中發現自己褲管與愛犬身上沾黏著許多刺果，要一個個的拔掉，但奇怪的是皮鞋上卻沒有沾到。

回家後，他立即將刺果放在顯微鏡下觀察，發現刺果之所以能沾黏住帶有毛的東西，是因其身上帶有如同鉤狀的刺，因此靈光一閃，激發了創造魔鬼氈的想法，並在 1951 年申請到瑞士專利。

喬治・梅斯倬發明的魔鬼氈，一片織物上都是鉤子，另一片織物上都是小圈圈，遇在一起時就會黏住，打開又各自恢復原狀，他把此發明取名為 Velcro，取自法文的絲絨（velours）與鉤子（crochet），魔鬼氈如今已被人們廣泛應用於各領域或場合，成為不可或缺的生活用品。

▲ 魔鬼氈應用產品
圖片來源：VELCRO（https://www.velcro.com）

Yeh Sir 創意啟發大補帖

1. 大自然啟發的發明靈感

魔鬼氈的發明，是觀察自然界中的現象和問題而激發的創新想法。喬治‧梅斯倬是一位工程師，但他的發明靈感並不是來自於工程領域，而是在日常生活中，特別是在外出打獵的時候，觀察到刺果如何黏附到毛髮和布料上，並投入時間去研究刺果的結構和原理，最終將所發現的原理應用到實際的產品中。由此可見，創新不一定需要在實驗室或工作場所中尋找，它可能在大自然中等待著被發現。

2. 革命性的發明與專利保護

魔鬼氈問世後，成為一種革命性的緊固裝置，是一個極為實用的發明，它被廣泛應用於各種行業產品和情境中，從服裝到航太到鞋子，從家居用品到工業應用，無所不在。它不僅是一個發明家的成功故事，也是一個商業的成功範例，讓我們看到，一個小而實用的創新可以對社會產生深遠的影響。

而梅斯倬在1951年申請了魔鬼氈的專利，確保了此一發明在一段時間內的獨家權利，使他能夠受益於自己的創新，這也鼓勵其他創新者保護他們的發明，以產生更多的創新和發明產品。

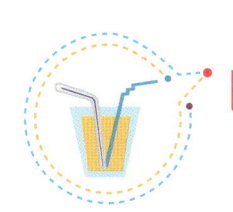

發明 19：可彎式吸管
愛與關懷是發明的動力

取代天然麥稈的紙製吸管

現代生活中常用的「吸管」被喻為是 20 世紀生活用品最實用的發明之一，它的發明與使用，可分為好幾個階段。

19 世紀時，美國人喜歡喝冰涼的淡香酒，當時是以中空的天然麥稈來吸飲，吸管（straw）的英文即是「麥稈」之意，它們生長在田裡，經過收割、裁剪、乾燥的處理製造過程成為了「吸管」。但作為吸管使用的麥稈，其味道會滲入酒中，且天然麥稈容易折斷。

1888 年，來自美國華盛頓特區的一名煙捲製造商馬文·史東（Marvin Stone），從煙捲的製造過程中得到靈感，製造了第一支的「紙吸管」，並取得美國第一個「人造吸管」的專利。產品經試飲後既沒有怪味，也不會斷裂。此後，人們不只在喝淡香酒時使用紙吸管，喝其他冰涼的飲料時也喜愛使用。。

這種人工吸管早期的製作方法，是由工人把紙纏繞在極細的圓柱上，在外頭塗上一層石蠟，以防止紙的吸水與軟化，通常還會再染上「類似天然麥稈的顏色」。這個新奇的產品發明不久後，就開始出現在全美各地的報紙廣告上，強調它無色無味，而且使用後就拋棄，「保證不會被重複使用」。

▲ 19世紀末美國報紙刊登紙製「人造吸管」廣告
圖片來源：the Atlantic/ Google Book

可彎式吸管

因為對小女兒的愛，他讓吸管「彎腰」了，這個人就是美國的約瑟夫・弗里德曼（Joseph Friedman），他原本在舊金山做房地產仲介，後來投入了發明事業，而真正讓他改變全世界的發明作品靈感，竟來自他對小女兒的愛。

1936年的某天，約瑟夫・弗里德曼帶著剛上幼兒園的小女兒朱迪思（Judith）到餐飲店用餐，小女兒點了一杯奶昔，坐在餐桌前的椅子上，因為個子太小了，放在餐桌上奶昔杯的高度已高過她的臉，她把當時使用的紙製直型吸管彎下來放到嘴

巴，吸管經過折彎後便堵住了，無論如何用力也吸不到奶昔，她只好站起來吸，就這樣很辛苦的吸著奶昔。這時約瑟夫‧弗里德曼坐在一旁看著小女兒，心裡默默想著，要如何才能幫助小女兒輕鬆順暢的吸奶昔呢？這個問題的所在，就是如何使折彎的吸管不會堵住，能讓飲料照樣順暢通過，而且製造成本一定要很便宜，才能普及化供大眾使用。

約瑟夫‧弗里德曼剛開始的構想是在紙製吸管內塞入一支螺絲，再用細繩纏繞吸管的四周用力拉緊，勒出螺紋，接著鬆開細繩後取出螺絲，吸管有螺紋之處即可彎曲，而飲料也能順暢的通過彎曲部位，這是第一代的可彎式吸管產品。後來為了提高生產效率不斷改良技術，改變為在吸管內外側各用一根金屬螺紋滾柱，壓出紋路，提高了生產效率，大幅降低生產成本。

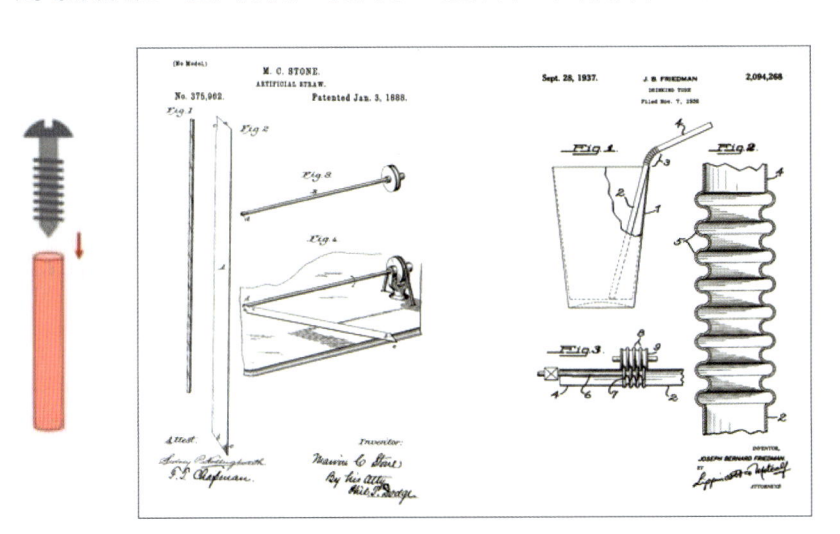

▲ 約瑟夫‧弗里德曼的吸管發明
圖片來源：美國專利商標局 USPTO（https://www.uspto.gov）

原本約瑟夫・弗里德曼想把新發明的技術和專利權，賣給當時既有的吸管製造公司，結果卻四處碰壁，沒人看好他的發明，努力了兩年，最後他還是決定自己來設計生產可彎式吸管的機器，自產自銷。

　　儘管約瑟夫・弗里德曼最初的發明動機，是來自對小女兒的關愛，要克服的是小孩使用吸管的問題，但出乎意料的是，產品剛推出時卻是先在醫院裡熱銷，因為這項可彎式吸管正好可以克服病人趟在床上時，吸取液體飲品不便的問題。醫院發現這種可彎式吸管非常好用，可讓躺在床上的病人不用起身，即可輕鬆順利地喝水及飲料，也不會溢流或濺出弄濕被單和衣服等。經醫院大量採用後，接續也進入了餐飲店及家庭市場。

塑膠吸管的功過

　　1950 年代後，因塑膠發明而大量被使用時，塑膠吸管取代了紙製吸管，而塑膠要做成可彎式吸管，塑形也比紙更容易、成本更低，塑膠吸管成為流通全世界的生活必需品。但也因這樣的過度使用，使得一次性使用的吸管也被稱為「世界上最浪費的產品」，造成了極度的浪費與環境汙染，台灣環保署更在 2019 年 5 月 8 日公告「一次用塑膠吸管限制使用對象及實施方式」，開始與世界同步實施對塑膠吸管的限制使用。

　　因此，現今許多廠商都開始再發揮創意，運用各種不同的環保材料或設計巧思，研發設計出可重複清潔使用的吸管，以保護環境，希望留下一個乾淨的地球給後代子孫。

Yeh Sir 創意啟發大補帖

1. 從不同角度審視發明物品

綜觀吸管的發展史，提供了我們從不同角度來審視一個發明物品的機會，從紙製吸管到可彎式吸管，再到現代的可重複使用吸管，這些發明改進了飲食體驗，減少了浪費，這也讓我們看到，創新和設計能夠為人們帶來更方便和環保的解決方案。

以可彎式吸管發明為例，源於約瑟夫‧弗里德曼對小女兒的關愛，他希望讓女兒更輕鬆地享受飲品，這表明，個人的情感和需求可以成為發明的動力，愛和關懷可以激勵創新，並對改進生活方式產生積極影響。

2. 吸管設計與環保課題

吸管在當今社會的使用狀況反映了環境問題的迫切性，隨著塑膠吸管的大量使用，環境問題變得日益嚴重，特別是海洋污染，促使人們思考可持續性和環保的議題，並開始尋找替代品，例如可重複使用的金屬或玻璃吸管。當發明者本著對環境友善、地球永續的理念來設計產品，無論就環保的材料、節能的技術、無毒的製程等不同面向多加考量，從一根小小的吸管著手，也能為呵護地球環境盡一份心力。

第三篇、科技創新真方便

發明 20　外牆透明電梯：發明之門向所有人敞開
發明 21　冷氣機：開利博士的發明造福全世界
發明 22　網際網路：將世界連接在一起
發明 23　聽診器：靈感來自童年遊戲的醫學發明
發明 24　拍立得相機：小蝦米對抗大鯨魚
發明 25　電燈泡：專利擁有者並非原創發明人
發明 26　抽水機加過濾器：科技和商業模式的創新

本篇介紹許多科技創新的例子，在這類型的發明故事中，你會發現「創作實踐者」都是一些具有一定專門技術的人，他們運用自己的專長，在所屬的行業領域中發現問題並加以克服困難，改良發明。

　　或許，也有一些原本的創意想法，是起源於他人提出的概念，但當要真正落實發明時，就需要專門技術了，這就是在「發明原理理論」中所謂的「專業發明」。

　　例如，在炎炎夏日中，冷氣機的發明被譽為跨世代的奇蹟，古代人們用濕蘆薈、風塔、噴水池和冰窖來粗略降溫，但這些方法都無法精確控溫，直到美國的開利博士運用他的專業技術發明了冷氣機，這一情況才得以改變。

　　又如網際網路的發明，將世界各地的人們和設備連接在一起，形成一個全球性的網路體系，無疑是一項革命性的科技創新，其中涉及許多專門技術，都經過了許多學有專精的科學家、工程師們的努力研發。

　　科技創新極大地改變了我們的生活，帶來無數便利和提升生活品質的機會，許多的「專業發明」，展示了科技創新的巨大價值，成為現代生活中不可或缺的一部分。這些發明故事，也激勵我們不斷追求新的創新和突破，創造未來的更多可能性。

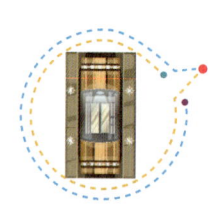

發明 20：外牆透明電梯
發明之門向所有人敞開

不要懷疑！文盲也有創新能力，有一位墨西哥的文盲在美國擔任大樓清潔的工人，他是大樓外牆透明電梯的發明者。

這位文盲任職於聖地牙哥（Santlago）的希爾頓大飯店（Hilton Hotel），有一天，他在使用吸塵器從事清潔工作時，一位當地著名的建築師帶著一群工程師，走到他工作的地方，要求他暫時停下工作，因為吸塵器的聲音太吵了，他們無法交談。

這位清潔工就停下工作站在一旁聽他們談論計畫，原來是因為飯店客人很多，大樓內的電梯不敷使用，想要在建築物內再增設一部電梯，要在這棟大樓的每一層鋼筋水泥的地板挖一個大洞，以裝設新電梯，這是一棟二十層高的大樓，此事真是一個大工程。

清潔工聽了他們的談話，心裡覺得這位建築師實在太笨了，要多加一部電梯只要在牆外將鋼架搭好再用玻璃圍起來做就行了嘛！於是他走近問那位建築師說：「你們要做什麼呢？」建築師回答：「你不懂，不要問！」再過了一會兒，他實在忍不住了，再次問那位建築師：「你們到底要做什麼呢？」建築師生氣的回答：「Shut up！」（你不要說話！）

於是這位清潔工就大聲自言自語說，如果像你們計畫的這樣，每層樓挖一個大洞，這是一棟二十層的大樓，到時候「大飯店」就要變成了「大工地」，這麼長的施工期間，誰願意來住宿消費呢？要多裝設一部電梯只要在牆外將鋼架搭好並用透明玻璃圍起來，再將靠近大樓牆面的原來大樓玻璃拆下，改為電梯門供客人進出，不就行了，而且大樓外面的風景也很漂亮，客人也可欣賞風景，不是一舉兩得嗎？

　　這位傲慢的建築師聽了之後都傻了，竟驚叫地說「Good Idea！」於是世界上首部大樓外牆透明電梯就這樣誕生了。

▲ 百貨公司的外牆透明電梯
圖片來源：葉忠福攝

Yeh Sir 創意啟發大補帖

1. 創意和靈感的無限可能

一位文盲清潔工以他的觀察和勇氣，提出了一個簡單而卓越的解決方案，從而改變了整個建築行業。這個故事深刻地展示了創意和靈感的無限可能性，不受教育水平或社會地位的限制。即使是文盲，雖然沒受教育，但也由於不受制式教條的約束，反而思維更加自由，而有更大的發揮空間。

2. 簡單的想法或許更好

從大樓外牆電梯的發明故事，可以看到解決問題時的簡單和實用性，有時候不一定需要複雜的方法，反而是簡單的想法能奏效。這也提醒我們要保持心態的開放，接受來自不同背景或領域的意見，有時候，最有啟發性、最棒的想法可能出現在最不被看好的地方。

3. 相信自己，不輕視他人

最重要的是，這位文盲清潔工的故事鼓勵我們相信自己，不要懷疑自己的潛力，因為創新和改變可以來自任何人，不論其背景如何，只要有創意和勇氣，相信每個人都有能力為世界帶來積極的變革。此外，也應該保持謙卑，不輕視他人，因為每個人都有可能擁有突出的洞察力和獨特的創造力。

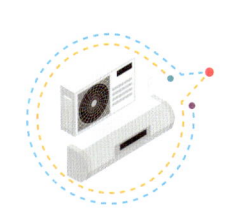

發明 21：冷氣機
開利博士的發明造福全世界

現在的你能想像嗎？若在夏季時節沒有冷氣機，要如何度過酷熱的日子呢？在高溫下，不管是人類或機器的工作效率都會大幅降低，現今冷氣機或空調設備已成為家家戶戶必備的家電產品，它不只是帶來舒適涼爽的室內環境，對於經濟、科技、醫療等各種不同領域的發展也都扮演重要的角色。

不過世界上第一台冷氣，其實不是給人吹的！而是為了解決印刷品質的問題，這項改變人類生活的發明，是由當時還不到 30 歲，如今被稱為「空調之父」的威利斯‧開利（Willis Carrier）所一手打造。

1876 年開利出生於美國紐約州，1901 年畢業後進入製作暖氣及排氣系統工程的水牛城鍛造公司（Buffalo Forge Company）工作，隔年因接受一間印刷廠的委託而成為發明現代空調系統的起點。當時這間印刷公司正苦惱於濕度及溫度熱力等問題，使紙張與油墨乾燥速度及印刷品質難以控制，始終無法印出準確的顏色，而向水牛城鍛造公司請求協助，上司就將此重要任務交到這位年紀輕輕但卻聰明能幹的開利身上了！

這個任務難題給了開利大展身手的機會，當時的開利心想，一般暖氣機是利用空氣通過充滿蒸氣的線圈來達到溫暖效果，如果把線圈內的蒸氣換成冷水，空氣中的水凝結在線圈上，

便可以達到降溫與降溼的效果。依照這個思路，開利在 1902 年發明了世界上第一部冷氣機，利用冷卻的液體在金屬管內不斷循環，同時將空間內的空氣抽入這套系統，當帶有濕度的空氣接觸到冷卻金屬管時水分就會凝結起來，然後再將水分集結並排出。系統運行一段時間後，便能有效將室內濕度大大降低，而在不斷吹送空氣的過程中，也會使得室內空間溫度下降。

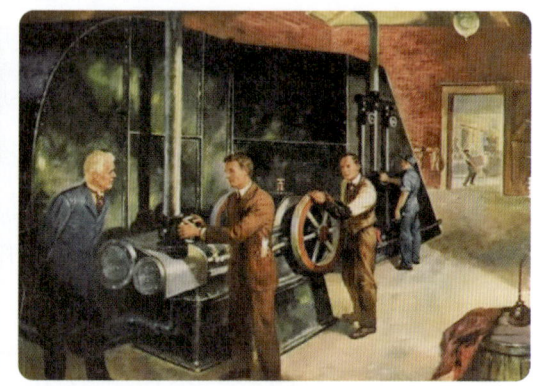

▲ 1915 年 39 歲的開利（左）、
1902 年夏天紐約印刷廠安裝了世上第一個現代空調系統（右）
圖片來源：維基百科（https://zh.wikipedia.org）、
Carrier（https://www.carrier.com）

開利為此系統以「空氣處理裝置」為名申請專利，並於 1906 年獲得發明專利權，1915 年，更組建團隊開設開利工程公司（Carrier Engineering Corporation）製造及銷售冷氣機。最初安裝的客戶為工廠，用以改善工作環境，提升工作效率，慢慢地擴及旅館、百貨公司、電影院、私人住宅等場所也開始安裝冷氣。時至今日，冷氣機已是家家戶戶必備的家電產品了。

Yeh Sir 創意啟發大補帖

1. 科技創新改變世界

現代人習於將冷氣機視為理所當然的存在,但冷氣機的發明,是現代科技史上的一大壯舉,體現了科技創新的價值。冷氣機的出現,提供了更舒適的室內環境,不僅影響了人們的生活與工作方式,也促進了經濟和文化的發展。

2. 堅持不懈與創新的價值

開利博士從小就展現了對機械和工程的天賦,但他的成功不僅僅是因為他的才華,還因為他的毅力和決心。在發明世上第一部冷氣機的過程中,他勇於接受高難度的研發任務,迎向極大的技術挑戰而不曾放棄,相信有困難才有突破的機會,展現了堅持不懈的精神與創新的價值。

3. 科技發展與時俱進

冷氣機的進化也是科技不斷演進的極佳例證,冷氣技術經過一個多世紀的不斷革新,已經實現了高效節能、智慧溫控、外型美觀和小型化等優點。科技發展永不停滯,不斷創新和改進,以滿足不斷變化的需求和挑戰,而現代冷氣機一方面越來越講求高效節能,另一方面也更加關注如何使用和維護這些技術,以減少對環境的不利影響,也啟示了我們環境保護的重要性,在科技發展中注重可持續性。

發明 22：網際網路

將世界連接在一起

網際網路（Internet）或稱「互聯網」，是一個革命性的科技概念，它將世界各地的人們、電腦和數據設備連接在一起，形成一個全球性的網路體系，訊息得以在不同地點之間傳輸。網際網路的應用與影響範圍非常廣泛，遍及通信、訊息檢索、社交互動、娛樂、商業、教育等各領域。

網際網路的發明緣起始於 20 世紀 60 年代，當時美國國防部開始研究一種新型的通信系統，這個計畫被稱為 ARPANET（高等研究計畫署網路），其目標是建立一個分散式的電腦網路，讓各地的電腦能夠互相連結。1969 年 ARPANET 建立了第一個節點，最早的連結點只有 4 個：加州大學洛杉磯分校、史丹佛研究院、加州大學聖巴巴拉分校與猶他大學。雖然目前看來這種規模還很陽春，但是，ARPANET 的 4 個節點及其連結，已經具備網路的基本形態和功能。

在網際網路的發展歷史中，還有一些重要的人物和貢獻者，其中最著名的是英國電腦科學家提姆・柏內茲-李（Tim Berners-Lee），為全球資訊網（World Wide Web，簡稱 WWW）奠定重要基礎。

1980 年代末，柏內茲-李創建了世界上第一個網站和第一個網頁瀏覽器，同時開發了 HTML（超文本標記語言）、

HTTP（超文本傳輸協議）與、URL（統一資源定位符），這些技術的結合，塑造了我們現在習以為常的上網方式：在位址欄輸入網頁位址，便能進入相應網頁，如果該檔案有超連接還能點擊它跳轉。

全球資訊網是當今資訊時代發展的核心，也是數十億人在網際網路上進行互動和瀏覽的主要工具，它是透過網際網路存取，由許多互相連結的超文字組成的資訊系統，讓我們可以在電腦、手機或其他裝置上，使用瀏覽器來查看、分享和互動各種多媒體內容，例如文字、圖片、影片、音樂等。

回顧歷史，網際網路的發明人是誰？其實網際網路不是由一個人單獨創造，而是來自眾多科學家、工程師和創新者的協同努力。從用於軍事目的的 ARPANET 的誕生，到全球資訊網的出現和普及，除了技術人員，學術、商業、工業、政治等各行各業的人都在其中大顯身手，共同塑造了當今的網際網路。

▲ 柏內茲 - 李及其使用的電腦，螢幕上開著他所創建的瀏覽器及網站
圖片來源：CERN 歐洲核子研究組織（https://home.cern）

Yeh Sir 創意啟發大補帖

1. 合作與持續創新

網際網路的創造是一個充滿創新和合作的過程，它已經改變了世界，這項重大的發明強調了合作和持續創新的重要性，從 ARPANET 的初創到提姆・柏內茲 - 李的 Web 發明，經過不斷演化和擴展，網際網路已成為現代社會中不可或缺的一部分。隨著網際網路的發展，推動了訊息的自由流通，更實現了即時的全球互聯。

2. 更多的可能性與挑戰

網際網路的普及，改變了人們的生活方式、工作方式和溝通型態，無論是在通信、教育、娛樂、商業還是科學研究各方面，網際網路都將世界連接在一起，提供了無限的應用和機會，同時也帶來了新的挑戰和責任，對於社會、經濟和文化產生深遠的影響。

展望未來發展，網際網路在不斷演變的世界中仍會持續前進與創新，無論是在物聯網、5G、區塊鏈、AI 還是虛擬實境等領域，都可以期待網際網路的未來將帶來更多的驚喜和創新。

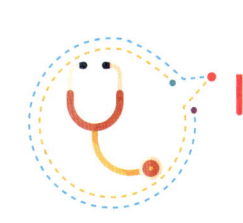

發明 23：聽診器
靈感來自童年遊戲的醫學發明

聽診器是現代醫師必備的病狀檢查器具，其構造及原理為透過一根管子將聲音先收集起來，再通過管子進行傳遞進入耳朵，至於能否達到有效共振放大的效果，則經過一番的改良與設計，從發明至今經歷二百年的時間，聽診器的構造從很簡單的圓錐桶狀逐漸演化到現今常見的樣式。

▲ 現代聽診器
圖片來源：123RF 圖庫（https://123RF.com）

聽診器最早是由一位法國醫生萊內克（René Laennec）所發明，萊內克發明單耳聽診器誕生的年代為 1814 年，至今已超過二百年的歷史，聽診器的發明是現代醫學的重大貢獻，藉由聽診器的輔助，使得許多不同型態的胸腔疾病得以被診斷出來，萊內克也因而被後人尊稱為「胸腔醫學之父」。

萊內克醫生之所以發明出聽診器，是由童年時期的遊戲中得到的靈感啟發。

19世紀的某天一大清早,萊內克醫生搭乘的馬車急駛而來,在一所豪華府第門前停下,他被緊急請來為一位貴族小姐診察病況。只見面容憔悴的小姐坐在長靠椅上,緊皺雙眉手捂胸口,看起來身體極不舒服危在頃刻,聽她氣若游絲般訴說病情後,萊內克醫生懷疑她患上了心臟病。

　　在此情況下,若要正確診斷,最好就是聽聽心臟跳動的聲音是否有異常,早在古希臘的醫學文獻記載中,就已被記錄醫生是用耳朵貼近病人胸廓診察心肺聲音的診察方法,萊內克醫生平時也常用此方法來診察病人,當時的醫生都是隔著一條毛巾,用耳朵直接貼在病人身體的適當部位來診斷疾病,但眼前這病人是位年輕的貴族小姐,這種方法顯然不合適也不禮貌。

　　萊內克醫生皺著眉頭在客廳中來回踱步,尋思是否有更好的方法來為這貴族小姐診斷病情呢?走著走著,腦海裡突然浮現出自己小時候在玩蹺蹺板時,曾經以耳朵貼在蹺蹺板的一端,聽著玩伴在另一端用小石頭敲擊的聲音,而且聲音聽來非常清楚。於是他就利用這個經驗及聯想力,拿起了客廳現有的硬紙板捲成了筒狀,一端貼在貴族小姐胸後,另一端則靠在自己的耳朵,來試試聽診效果。此一聽診效果令萊內克醫生相當滿意,於是最原始的聽診器構想就這樣被實踐了。

　　後來萊內克醫生又改良以竹筒、木質空心筒,及兩端各有一個喇叭形的聽筒等,乃至後續其他醫生的不斷改進,更加上皮管成了雙耳可以同時聽到聲音的聽診器,這就是現代醫生所使用的聽診器了。

當醫生戴起他的聽診器，按住我們的胸腔、腹部等部位，聽聽我們的心跳聲、呼吸聲、腸胃蠕動聲，再根據我們描述的症狀，醫生就可以告訴我們初步的診斷結果，而這樣重要的發明竟源自一個兒時遊戲的靈感，是不是很有趣呢？

▲ 萊內克醫生發明的聽診器（左）及其設計圖（右）
圖片來源：維基共享資源（https://commons.wikimedia.org）

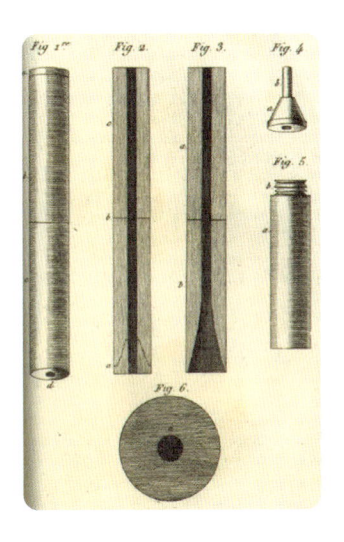

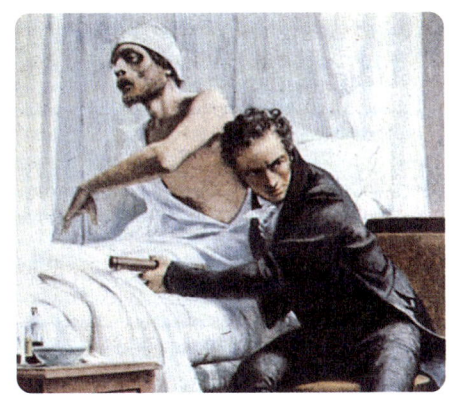

▲ 萊內克醫師（左）及其使用自己發明的聽診器為病人看診（右）
圖片來源：維基共享資源（https://commons.wikimedia.org）

Yeh Sir 創意啟發大補帖

1. 靈感可能來自最不相干的領域

萊內克醫生發明聽診器，為醫學界帶來了革命性的工具，發明的過程非常有趣，其靈感來自於萊內克醫生童年玩蹺蹺板的經驗。可見創新並不一定來自複雜的科學研究，有時候是來自於日常生活體驗，在最不相干的領域中閃現出靈感。

聽診器的發明，展現了創新思維的力量，雖然發明之初只是一個竹筒和皮管的簡單組合，其後經過不斷的改進，效能愈趨精良，已成為現代醫學領域中不可或缺的工具。

2. 尊重人性需求與尊嚴

醫療領域的發明，與病患的需求息息相關，發明時更應該站在患者的角度考慮，尊重其心理需求與尊嚴。聽診器發明緣由，是為了避免醫生與異性患者距離過近而造成尷尬，萊內克醫生不滿足於現狀，而是積極嘗試其他聽診方法，他所發明的聽診器，讓病患感受到更多的尊重與舒適，其意義不僅是診斷效能的提升，更體現出醫生對患者的關懷及其背後所蘊涵的人文精神。

發明 24：拍立得相機
小蝦米對抗大鯨魚

按下快門，等待幾秒鐘後，看著緩緩伸出的照片上，剛才所拍攝的影像慢慢浮現，這是拍立得相機的魅力所在。在數位相機尚未問世的時代，每張照片都必須歷經暗房沖洗過程，這項發明是攝影史上的一個巨大里程碑，它將照片從傳統暗房沖洗照片的冗長過程，轉變為僅需幾分鐘的時間。

▲ 拍立得相機
圖片來源：Polaroid（https://www.polaroid.com）

拍立得相機是由美國人愛得文·蘭德（Edwin Land）所發明的，起源於女兒一個天真的疑問。1944 年，有次他與家人度假時開心拍照留念，迫不及待想看到照片的小女兒問道：「爸爸，為什麼現在不能馬上看到相片呢？」面對女兒的疑問，蘭德並沒有敷衍應付，而是開始認真構想如何做出馬上得到相片的相機？1944 年，他研發出即時攝影技術，1948 年在市場上推出了第一台拍立得相機 Polaroid Model 95。

▲ 第一代拍立得相機
Polaroid Model 95
圖片來源：維基共享資源
(https://commons.wikimedia.org)

　　蘭德於 1930 年代創立寶麗來公司（Polaroid），剛開始生產偏光鏡等相關產品，1948 年第一款拍立得相機 Model 95 在百貨公司開始上市銷售，剛開始只生產 60 台相機，但是公司嚴重低估了需求，所有設備和膠卷在一天之內就被搶購一空，1948 至 1953 年期間，相關型號相機總計生產超過 150 萬台。

　　一開始蘭德發明拍立得相機的相紙是「撕拉片」，顯影後需要手動將兩層相紙分撕開，才能看到照片，之後又陸續應用自動曝光、彩色底片等技術於新產品中，1972 年更推出一體式的底片技術，不用再撕拉底片的拍立得相機。

　　當時原本在相機產業中的大鯨魚柯達（Kodak）公司也曾於 1976 年發布拍立得相機，但遭到寶麗來指控侵犯其專利權，經法院判決柯達敗訴，需給付寶麗來高達上億美元的損害賠償金。柯達公司的規模超過寶麗來十幾倍大，要不是因為握有專利權，哪能對抗像柯達這樣的大鯨魚呢？

Yeh Sir 創意啟發大補帖

1. 革命性的創新力量

拍立得相機的發明靈感，來自於愛得文・蘭德女兒的一個簡單問題，他成功地將想法轉化為具有競爭力的產品，滿足了人們忍不住想立刻看照片的慾望，這在當時市場上是一項重大的變革與突破。一個小小的靈感，激發了革命性的產品創新，對產業產生深遠的影響，這就是創新的力量。

2. 專利權保護競爭優勢

拍立得相機產品問世後，因為專利權的保護，即使面對像柯達這樣的巨頭競爭對手，仍能有立基之處，因此拍立得相機的成功部分可歸功於專利權，它確保了其他公司無法複製相同的技術。專利制度鼓勵創新，並為創新者提供了合法的保護，可以幫助小型創新者在市場上競爭，保護企業的獨特競爭優勢，為其提供機會去成長，而不必擔心對手的仿冒。

3. 持續創新，長保競爭優勢

從相機市場的變化和競爭的不斷演進來觀察，柯達作為當時在市場上領先的公司，因拍立得相機的出現，迫使其不得不調整原先的營運策略，以滿足市場需求。可見即使一家公司在某個時刻處於領先地位，但仍需持續創新和調整，因為推動企業成長和保持競爭優勢的關鍵，並非在於企業的規模大小，而在於能否持續創新。

發明 25：電燈泡

專利擁有者並非原創發明人

　　知名的發明大王愛迪生（Thomas Edison），被定位為科學家、發明家、企業家，是世界上第一個利用大量生產原則和其工業研究實驗室來進行發明創造的人。他發明了很多東西，包括：對世界有極大影響的留聲機、電影攝影機、鎢絲燈泡和直流電力系統等最為人知，旗下科學家、工程師等上千人，名下擁有 1093 項專利。今日美國知名能源產品集團—奇異公司（General Electric；GE）於 1892 年創立，由「愛迪生燈泡公司」轉型而來。

▲ 愛迪生
圖片來源：維基百科（https://zh.wikipedia.org）

1869 年,愛迪生取得他的第一個專利「電子投票計數器」,使用者直接按鈕就可以投票給支持的候選人,使用這個設備可以準確、即時地記錄選票。然而,此發明在當時沒有引起人們的興趣,也從未被製造出來,但這是愛迪生 1093 項美國專利中的第一項,標誌著他發明活動的開始。

有關愛迪生的爭議事件其實也不少,其中,例如電燈泡的原創發明人並不是愛迪生,但愛迪生卻擁有專利權。

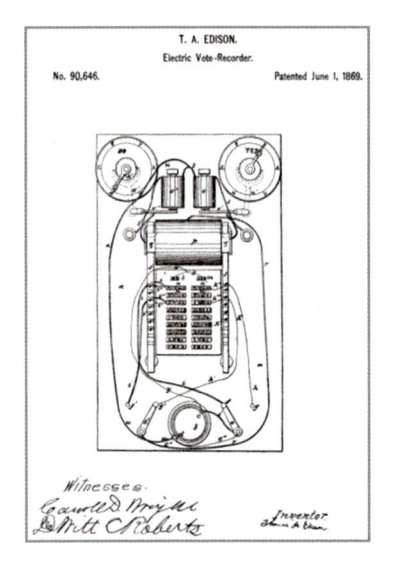

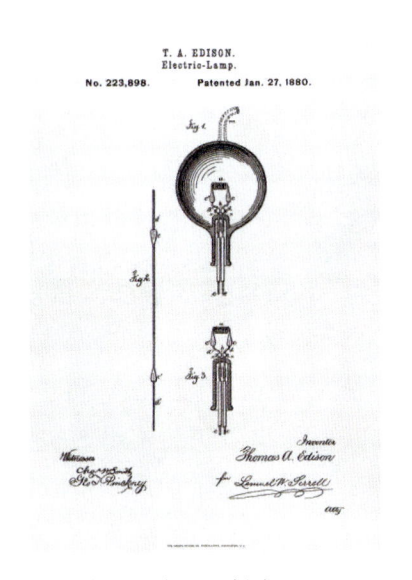

▲ 愛迪生的第一個專利,電子投票計數器設計圖(左)、
愛迪生擁有電燈泡專利,但他並非原創發明人(右)
圖片來源:USPTO 美國專利商標局(https://www.uspto.gov)

在愛迪生之前,義大利物理學家亞歷山卓・伏特(Alessandro Volta)在 1800 年開創了「電照明」研究的先河,

他在實驗室用一根導線通電發光，發現了電可以用作光源的想法。1801年，英國化學家漢弗里・戴維（Humphry Davy）在實驗室中用鉑絲通電發光，他又在1810年發明了「電燭」，利用兩根碳棒之間的「電弧照明」，他是此原理的發明人。1854年，德裔美國人亨利・戈培爾（Henry Goebel）使用一根炭化的竹絲，放在真空的玻璃瓶下通電發光，他是「電燈泡」原型的創作發明人。但以上等人因無專利意識，並沒有去申請專利權。

後來，英國物理學家約瑟夫・斯萬（Joseph Wilson Swan），1860年發明現代「白熾燈」的原型「半真空碳絲電燈」。1878年，斯萬早於愛迪生一年獲得白熾燈的英國專利權，愛迪生於1879年10月才在他的實驗室裡用碳化的捲繞棉線作為燈絲，成功製作電燈泡，可發出大約十盞煤氣燈的光芒。

1883年美國專利局曾裁定愛迪生的專利是修改自他人的創作而被判無效，經訴訟6年，直到1889年法官才裁決愛迪生的電燈泡專利合法，且也只取得美國的專利權。因此1883年，當愛迪生想將電燈推廣到英國時，立刻遭到了斯萬控告侵權，愛迪生輸了官司，但斯萬因而加入愛迪生在英國的電燈公司成為合夥人，後來愛迪生乾脆花錢買下了斯萬的專利權。

以專利權而言，愛迪生只是「改良」了電燈，而非「發明」了電燈泡，但以電燈泡的推廣使用來說，他的貢獻仍是巨大的，他運用了大量生產原則和量產製造技術，讓電燈泡售價降低，得以普及到一般家戶。所以，與其說愛迪生是燈泡的「發明者」，倒不如說他是燈泡的「推廣者」，來得更貼切。

Yeh Sir 創意啟發大補帖

1. 改良現有技術，實現產品普及化

與其說愛迪生是電燈泡的發明者，實際上他進行的是對既有技術的改良，而非全新的創造。成功不僅來自原創發明，也可以透過改良與普及現有技術來達成目標，技術進步的本質，即是建立在先前成就之上不斷改進和發展。愛迪生的創業精神及對技術發展的堅持，對於現代照明技術產生了深遠影響。

2. 專利權的確保與界定

關於愛迪生「發明電燈」此一說法並不準確，他的專利權曾被質疑，在專利官司中經歷長期訴訟才裁決出結果。專利制度旨在保護創新，而當專利權的確保和界定存有爭議時，需要法律和法庭的參與來解決。

3. 商業的合作與競爭

愛迪生與斯萬在電燈泡產品的合作和競爭關係也很有趣，儘管他輸掉了斯萬的侵權官司，最終還是購買了斯萬的專利權，並使電燈泡的普及成為現實，這強調了在商業界中，合作和競爭之間的微妙平衡。

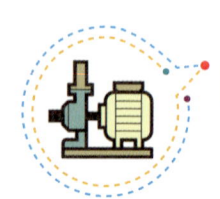

發明 26：抽水機加過濾器
科技與商業模式的創新

提到創造力或創新，人們可能會以為這是高科技或發明家才用得到，其實創造力是可以用在任何地方的，無論是傳統產業或任何行業之中，其主要目的在改善人們生活。

從前中國大陸有一個偏遠村莊，因為水源離村莊有一段距離，每天村民都要辛苦行走一小時的路程，去挑水回家使用，村中的幾位大老為了要解決村民的不方便，於是開會決定貼出公告，徵求廠商來村莊賣水的事宜。

為了市場不被壟斷獨占，眾人同意由甲、乙兩家廠商一起來賣水，在市場開放之初，甲廠商很快的買了水桶，跟兒子和幾位工人辛勤的用人力開始了挑水賣水的生意，這時，乙廠商卻到外地去，不見人影。

留在村莊中的甲廠商，成為此地賣水的獨占生意，村民們雖然覺得水賣得很貴，而且水中常有挑水途中飄入的灰塵雜質，但看到挑水的父子們每天都在辛勤努力的工作，也不好意思多說什麼。而這對父子每天辛勤的挑水，每天都有賺錢，心裡都很高興，這樣的榮景，維持了好一段時光。

後來，乙廠商從外地回來了，帶來抽水馬達及水管和濾水設備，將水管接到每位村民的家中，使用新的取水技術，於是

乙廠商可以用更便宜的價格賣水，而且水的品質更好，每天坐在家裡不用付出勞力，就有錢可賺。

這時甲廠商還是用舊方法，雇用了更多的人力來挑水，水桶上也加了蓋子防止挑水途中灰塵的污染，水的品質雖有所改善，但還是無法與乙廠商競爭，於是虧損累累，最後被淘汰出局了。

插畫繪圖：連佳瑄

Yeh Sir 創意啟發大補帖

1. 各行各業都需要創新

　　創新,並不專屬於是科技公司或發明家,而是各行各業及每個人都可以共同參與,透過創新,可以解決現實中的問題,讓生活變得更好、更方便,推動社會的進步。在這個例子中,乙廠商的創新思維與技術,不僅讓村民得以享用更好的水質,也節省了大量的時間和勞力。

2. 持續創新,免於被淘汰的命運

　　在激烈的市場競爭下,更是必須勤於動腦筋去思考如何創新與改變,無論是改善銷售的模式、產品製程或經營管理的方法,不同面向的創新與努力,都有可能開展出市場新局,為先創者帶來利潤。

　　故事中的乙廠商,雖然後來取代了甲廠商在市場上的地位,但假如乙廠商滿足於現狀,不知持續創新,總有一天也會和甲廠商一樣,當遇到更強的新競爭者加入時,遭遇被淘汰出局的命運。

第四篇、教育娛樂好創意

發明 27　阿拉伯數字：沿用千年的偉大發明
發明 28　撲克牌：寓教於樂的卡牌天地
發明 29　魔術方塊：在打亂與復原中玩轉創意
發明 30　拼圖：從地理教具到益智玩具，從 2D 到 3D
發明 31　桌球：突破限制，以餐桌為賽場

本篇介紹教育娛樂領域的經典發明好創意，許多原本的發明經過長時間的演變後，形成了一種文化，而文化的性質更可以無隔閡地被廣泛流傳和使用，就如同阿拉伯數字或撲克牌，從發明、傳播到演變，歷經漫長時間，在不同文化之間的交流和互動中，持續激盪出創意的火花。

　　魔術方塊與拼圖也是教育娛樂的經典好創意，1974年，魯比克僅是突發奇想地問學生如何設計出一個可以轉動又不會散開的 3×3×3 方塊，結果卻激發了學生們的創造力，並最終成為全球風靡的益智玩具。

　　拼圖的發明最初是作為地理教學工具，英國的約翰・史皮爾斯布里將世界地圖切割成拼圖，幫助學生學習地理知識，其後發展成為益智遊戲，現代又衍生出更多的變化，如 3D 立體拼圖，賦予其更多的娛樂與藝術內涵。

　　總的來說，這些故事讓我們深刻體認到創新在教育和娛樂中的重要性，這些發明和創意不僅豐富了我們的生活，也推動了文明與文化的進展，更啟發我們要持續探索和發現，將知識和創新結合，為世界帶來更多美好的改變。

發明 27：阿拉伯數字
沿用千年的偉大發明

現今已被全世界沿用千年的阿拉伯數字，其實是由印度人創造的，並非阿拉伯人所發明。

西元 3 世紀時古印度有一位科學家巴格達，可說是早期阿拉伯數字發明應用的先人，當時數字概念只到 3，而 4 的表達是用 2 和 2 加起來，5 就要用 2 和 2 和 1 加起來表示。

5 世紀時，古印度的旁遮普（Punjab）地區，數學的應用計算發展已相當先進，一位天文學家阿葉彼海特（Ayipehite），他把數字寫在一排的格子中，使用值位法，由左向右書寫，高位在左方，低位在右方，以表示數量的大小。在數字計算及簡化方面有創新的成就，這也奠定了後來阿拉伯數字發展的堅實基礎。

西元 628 年，在印度的數學暨天文學家婆羅摩笈多（Brahmagupta）所著作的天文學與數學書籍，其內容已包含 1 至 9，九個數字的計算運用。

在此西元 7 世紀裡，因阿拉伯人的軍事力量強大，進攻征服了旁遮普地區，而驚覺當地的數學計算方式竟然比阿拉伯人更先進，於是開始學習當地的古印度數字。7 世紀中期，阿拉伯人強迫要求印度的數學家們到阿拉伯去傳授數字符號與運算體系，阿拉伯的學者及商人覺得這方法簡單方便又好記，對生意記帳運算幫助很大，於是傳遍了所有阿拉伯地區。

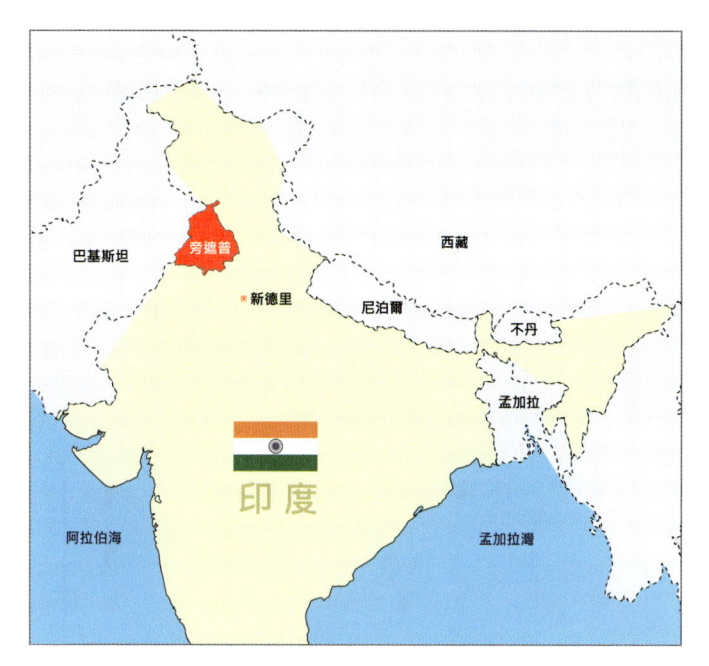

▲ 印度旁遮普（Punjab）地區位於首都新德里的西北方
圖片來源：123RF 圖庫（https://123RF.com）

　　當時阿拉伯的商人非常活躍，足跡遍及歐洲及世界各地，也將這套數學符號與運算體系傳遍四方，由於世界各地人們接受到傳播者大都來自阿拉伯人，便順理成章地認為這是阿拉伯人的發明，所以大家就將它稱為「阿拉伯數字」。

　　大約在西元 8 世紀時，「0」的數字符號才被發明及使用，在早期的計算式中並沒有「0」的符號，而是以「空位」來代表，之後又以實心小圓點「.」來表示，又演化為空心小圓圈「o」來呈現。由於阿拉伯數字體系極為好用又方便，其後也傳遍歐洲及世界各地。

至於現代阿拉伯數字的符號形式，大約在西元13世紀時，由歐洲的許多數學家們不斷的研究改進，以印度的原創基礎造形符號模式，再配合字型的「夾角數目」，而形成了我們目前書寫形式的早期字樣。

　　到了15世紀，阿拉伯數字已很普遍的流傳於全世界，其寫法則是經不斷沿革改良將夾角圓弧化，及近代印刷字體的使用，才變成現今書寫的數字符號「0123456789」。

▲ 現代阿拉伯數字的符號形式，早期字樣是以字型「夾角數目」來改良設計的，0 沒有夾角，1 有 1 個夾角，2 有 2 個夾角，以此類推
圖片來源：葉忠福繪

Yeh Sir 創意啟發大補帖

1. 數字符號推進文明進展

我們日常生活中離不開數字,它簡化了計算,提高了效率,使得資訊更容易傳播與分享。阿拉伯數字的發明與傳播,其影響所及不僅止於商業和數學,更推進了整個文明,無論是科學研究、工業生產、財務金融還是資訊電腦等領域,都是阿拉伯數字的應用範圍。這提醒我們要珍惜知識,並努力將它傳播給更廣泛的人群,以推動社會的進步和發展。

2. 發明創造是漫長持續的過程

許多偉大的發明創造都是經過長久的使用及驗證,再透過不斷地改良精進,數字系統的發明創造也是一個漫長而持續的過程。阿拉伯數字自發明至今已歷經千百年的推展,阿拉伯數字其實最早出現在古代印度,在印度旁遮普地區,數字計算方式不斷演進,其後先是傳播到阿拉伯地區,經阿拉伯人改進後傳入歐洲,再經過一系列的改良與修飾,才成為現在通行於世界的數字符號。

此外,阿拉伯數字的來源和發展,也顯現了文化並不是封閉的,而是不斷受到其他文化的影響與豐富,這也提醒我們要開放心懷,願意接受和學習來自其他文化的知識與智慧。

發明 28：撲克牌
寓教於樂的卡牌天地

　　撲克牌是哪一國發明的呢？撲克牌的誕生，法國人認為撲克牌是法國人在 1392 年發明；比利時人說比利時早在 1379 年就出現了撲克牌；義大利人則說撲克牌是義大利人在 1376 年發明的。

　　關於撲克牌的起源有多種說法，目前被普遍接受的觀點是起源於中國的「葉子戲」。葉子戲最早出現在唐朝，為著名天文學家張遂（一行和尚）發明，是風行於唐朝宮廷內的娛樂消遣，這種紙牌遊戲就是後來撲克的雛形。後來此種遊戲經過絲綢之路傳到波斯、埃及等，再由波斯傳到歐洲各國，於 14 至 15 世紀間在歐洲逐漸形成了現代撲克牌的基本樣子。

▲ 張遂像與中國紙牌
圖片來源：百度百科（https://baike.baidu.com）

▲ 撲克牌

圖片來源：123RF 圖庫（https://123RF.com）

　　撲克牌是曆法的縮影，54 張牌解釋起來也非常奇妙：大王代表太陽、小王代表月亮，52 張正牌代表一年中的 52 個星期；（紅）桃、（紅）方塊代表白晝，（黑）桃、（黑）梅花表示黑夜，而紅桃、方塊、梅花、黑桃四種花色，也分別象徵著春、夏、秋、冬四個季節；每種花色有 13 張牌，則表示每季節有 13 個星期。

　　如果把 J、Q、K 當成 11、12、13 點，大丑、小丑為半點，一副撲克牌的總點數恰好是 365 點，而閏年把大、小丑各算為 1 點，共 366 點。這並非巧合，因為撲克牌的設計和發明與星相、占卜以及天文、曆法有著密切的聯繫關係。

Yeh Sir 創意啟發大補帖

1. 文化交流與創新發明

綜觀撲克牌的發明、傳播和演變，它展現了不同文化之間的交流和互動，以及其如何產生新的創新和發展。

撲克牌是在文化和娛樂領域的創新發明，關於撲克牌的起源有不同的說法，最早的撲克牌原型可以追溯到中國唐朝，由著名的天文學家張遂（一行和尚）所發明，並隨著絲綢之路的交流傳入波斯、埃及，然後進一步傳播到歐洲。從「葉子戲」到現代的撲克牌，這種紙牌遊戲在不同的文化中不斷傳播和演變，最終成為一個全球廣泛接受的遊戲。

2. 從娛樂中體驗深邃的概念

自古以來人類對於時間、曆法和天文學的持久興趣，使得這些主題一直在不同文化中佔有重要地位，而撲克牌的設計巧妙地將這些元素結合在一起，讓人們從娛樂中也能夠體驗到這些複雜深邃的概念。

此外，在長期與廣泛的流傳過程中，撲克牌卡的名稱、顏色、標誌和象徵意義等，皆會依據不同的出處以及玩家不同的想法而發生變化，因此這一張張的圖形卡片不僅僅是玩具或工具，更是展現不同習俗的一種文化印記，豐富了人們的精神生活。

發明 29：魔術方塊
在打亂與復原中玩轉創意

魔術方塊的英名為 Rubik's Cube，其命名由來自發明者魯比克的名字 Ernö Rubik，被譽為「魔術方塊之父」的魯比克，其實是名來自匈牙利的建築學教授。

1974 年，魯比克教授為了幫助學生更加了解三維空間概念，組裝了一個由 26 個小方塊組成的立方體，這是魔術方塊的雛型。其發明緣由始自魯比克在課堂上的創意發想：如何設計出一個可以自由轉動，又不會散開的 3×3×3 的方塊？幾經討論後有學生做出了模型，它的中心是以「中心軸十字轉頭」結構來相連接上面的木頭方塊組合而成。

魔術方塊的第一個版本是木製的，由於木頭經過上色之後，想要各面的顏色歸位，是件非常困難的事，因此有人提議將這作品做成益智玩具來銷售。

魯比克在 1975 年為魔術方塊申請了專利，1979 年在歐洲市場上熱銷，後來更風靡了全世界，至今未衰，目前魔術方塊在全世界已售出數億個，至今仍是很多玩家的最愛，且每年舉辦世界競技大賽。

魔術方塊發明人魯比克曾說過：「對我而言，魔術方塊象徵自由，它讓你做必要的事，讓你完成目標，所有事情（掌握在自己手中），所以一切事情都取決於你。」

發展至今,魔術方塊的玩法變化多端,現在市面上不僅有二階、四階、五階等格數可選,還有七軸、八軸、十二軸等奇特的結構,玩家們甚至還發展出速解、盲解、單手解等各種玩法,帶來無窮的樂趣。

▲ 二階、三階、四階魔術方塊
圖片來源:123RF 圖庫(https://123RF.com)

Yeh Sir 創意啟發大補帖

1. 創新始於簡單的問題或挑戰

魔術方塊有著令人不由自主想要動手旋轉的魅力，若要成功將凌亂的色塊復原，需要運用觀察、邏輯、空間概念，以及手眼協調等能力。玩魔術方塊時的每一步都是為了下一步而轉，雖然絞盡腦汁，但一次次打亂再復原的轉動、不斷思索、探究、突破與解決的過程，正是其樂趣所在。

不過，在魔術方塊發明之初，魯比克並不是一開始就有一個明確的目標，而是始於一個他在課程上提出的簡單問題：如何設計一個不會散開的 3x3x3 方塊？由此引發了討論和實驗，催生了魔術方塊的原型。

2. 從教育到娛樂，從教具到玩具

魔術方塊的角色從教育延伸到娛樂，從教具發展成益智玩具，貫串於其間的共通之處便是創造力與創新的精神。魔術方塊的起源來自於學校課堂，發明初衷是作為教學輔助之用的教具，其後，魯比克在此產品的專利申請和市場推廣上投入了時間和精力，魔術方塊自身的魅力也使得它得以從課堂中的教具，持續發展成為風靡世界的益智玩具。

發明 30：拼圖

從地理教具到益智玩具，從 2D 到 3D

拼圖（Jigsaw Puzzle）是一種常見的益智類遊戲，最早的拼圖大約出現在 18 世紀，當時以木板為底，切割為不同的形狀，再將其拼湊回去，作為這一種遊戲的形式。這也可以解釋拼圖英文 "Jigsaw Puzzle" 的來由，"Jigsaw" 的意思是線鋸，是一種可任意曲線切割的工具，"puzzle" 則為難題或迷局之意。

拼圖的發明人是 18 世紀英國的一位地圖繪製者、雕刻師約翰‧史皮爾斯布里（John Spilsbury）。1767 年，約翰‧史皮爾斯布里將世界地圖貼於木板上，然後再沿著地圖上國家的邊界切割，每一塊代表一個國家，使其化為大大小小的圖形，拼湊在一起又可成為完整的原圖。

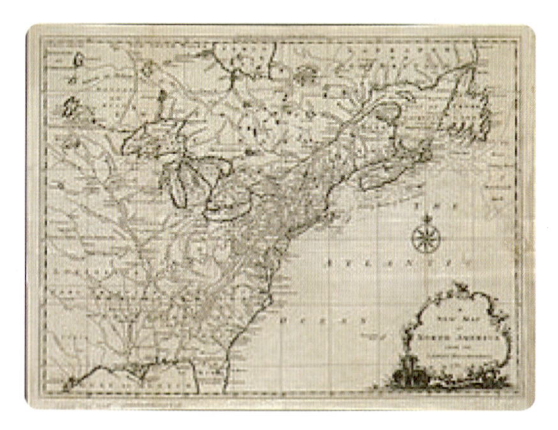

▲ 約翰‧史皮爾斯布里所繪製的地圖
圖片來源：維基百科（https://zh.wikipedia.org）

一開始地圖拼圖是作為地理學教學工具,當時約翰·史皮爾斯布里也嗅到商機,於是創造了八個不同主題的地圖拼圖,包括:世界、歐洲、非洲、美洲、亞洲、威爾斯、英格蘭、愛爾蘭及蘇格蘭地圖,成為熱銷的教學道具。

拼圖遊戲早已是全球盛行的遊戲,現代的拼圖則大都以硬紙板作為製造材料,拼圖的圖案五花八門,切割的片數與形狀也多樣多元。近年來興起 3D 立體拼圖則是台灣人所發明,台灣優利瑪公司董事長莊世鴻先生,因 2001 年夫人曾送他一幅全家福照片所製成的平面拼圖禮物,引發他之前曾自製球體玩具經驗,產生了靈感的連結:何不將平面拼圖設計改為立體的拼圖呢?那一定會更有趣更好玩!歷經兩年開發,優利瑪公司於 2003 年開發出中空,表面光滑、且免用膠水即可拼組成型的球體拼圖,並申請專利,並持續研發各項 3D 拼圖產品,行銷到世界各國。

▲ 優利瑪公司 3D 立體拼圖
圖片來源:優利瑪資訊有限公司(https://www.pintoo.com)

Yeh Sir 創意啟發大補帖

1. 跨領域開放思維，尋求創新的可能性

拼圖的起源十分有趣，原先是應用於一個實務的、教育性的目的，發明者約翰・史皮爾斯布里的創新思維，讓他想到將地圖與拼圖相結合，對於地理學教育有所貢獻。而隨著時間的推移，拼圖再推展至娛樂消遣的性質，今日已成為一種普遍的益智遊戲，更多人得以享受賞玩。

由此可見，一個概念或產品的實際應用，可以擴展到不同領域，衍生更多的可能性，這也提醒我們保持開放的思維與跨領域的思考，尋求更多元的創新樣貌。

2. 掌握商機，發揮創新的價值

創新思維可以帶來商業價值，從第一款商業化拼圖面世後，約翰・史皮爾斯布里最初將地圖黏貼於木板上製作拼圖時，由於嗅到了商機的存在，創造不同主題的地圖拼圖，並將它們成功銷售為教學工具。

而現今拼圖產品五花八門，市場競爭激烈，新產品發明者或製造廠商除了更需要具備對市場的敏銳度以及創新精神，例如台灣廠商開發 3D 立體拼圖，以獨特的產品吸引了全球市場的關注，便是成功的案例。

發明 31：桌球
突破限制，以餐桌為賽場

桌球是現今流行一種運動，體積小，重量也輕，所以移動的速度很快、變化多端，既是休閒娛樂的運動，也是奧運正式競賽項目。

桌球的英文名稱為「Table Tennis」，意即「桌上網球」，也稱為「室內網球」（Indoor Tennis）。可分為單打或雙打，玩法為雙方球員手持球拍、隔著架有球網的球桌互相對打，兩方互相擊球直至一方無法回球，另一方便能得分。

▲ 桌球運動
圖片來源：：123RF 圖庫（https://123RF.com）

桌球和羽球、網球等運動，都屬於球拍運動，究其起源，桌球其實是由網球（Tennis）衍生出來的，它起源於19世紀末的英國。歐洲人熱愛網球運動，但因為受到場地和天氣的限制，他們將網球運動移至室內，以餐桌作為賽場，因而衍生出桌球運動。

桌球運動在發展過程中，球拍和球的材質也隨之變化演進。1875年，英國有些大學生，利用餐桌當成球桌，用軟木或橡膠做成球，用羊皮紙貼成的球拍，在桌上打來打去。

為什麼桌球稱之為乒乓球？1890年英國人詹姆斯‧吉布（Jame Gibb）從美國帶回賽璐珞球，人們用它代替了軟木球和橡膠球，當時打球的聲音類似「乒乓」的聲音，所以命名為乒乓球（Ping-Pong）。

到了1902年，英國人庫特發明了膠皮顆粒球拍，擊球時增加了彈性和摩擦力，促進了桌球技術的發展，也使賽事更加精彩。

Yeh Sir 創意啟發大補帖

1. 困境與挑戰激盪出創意

桌球是從網球衍生而來的運動，起源於網球運動愛好者遭遇到場地和天氣的限制時，他們沒有放棄運動，而是尋找了新的解決方案，將室外網球轉移到室內，以餐桌為球桌，因而誕生出一項新的運動項目。

當生活中面臨挑戰或阻礙時，不妨試著轉換心態、創新思維，在尋找新的方式和做法、克服困難的過程中，便能激盪出創意的火花，正如同桌球的發明所帶來的驚喜。

2. 有趣的名稱和獨特的聲音有助推廣

「乒乓球」一詞得名於其打擊時發出的「ping pong」聲音，該擬聲詞由英國製造商 J. Jaques & Son Ltd 在 1901 年註冊為商標。

「乒乓」的聲音成為桌球名稱的起因，這提醒我們，在建立產品或概念的形象時，不妨構想一個有趣的名稱與獨特的聲音，可以強化印象、加深連結，讓事物更加吸引人，並有助於推廣。

第五篇、新奇食品超享受

發明 32　可口可樂：飲料界傳奇的問世
發明 33　可口可樂：為愛創業，行銷致富
發明 34　甜甜圈：靈感源自好奇心與對美食的熱愛
發明 35　口香糖：美國發明史上的驕傲
發明 36　利樂包：二十世紀食品包裝科技最重要的發明

本篇介紹各種食品發明背後的精彩故事，讓我們對創新的力量有更深的認識，這些創新帶來了新奇的美食享受，為生活增添了許多便利和樂趣；創新不僅改變了產品本身，也改變了人們的生活方式。

　　本篇的發明產品案例，從可口可樂的全球風靡，到甜甜圈的簡單創意，再到口香糖的材料轉化，不同的食品但其成功的背後都有一個共同的特點：創新來自於對問題的觀察和解決。

　　例如，可口可樂是飲料界的經典，它的誕生源於美國藥劑師約翰·彭伯頓的發明，原本只是為了尋找戒癮替代品，卻意外地創造了一款風靡全球的飲料。可口可樂的成功除了來自於其獨特的配方，其卓越的品牌行銷策略也是值得思考與學習的範本。又如，利樂包的環保設計則提醒我們，在追求創新的同時，也應考慮對環境的長遠影響。

　　這些創新的食品和包裝技術，有的豐富了我們的味蕾，有的改善了食品保存和環保效益，每一個小小的創意都可能引發巨大的變革，並深刻影響我們的生活方式。總而言之，這些故事激勵我們要保持敏銳的觀察力和開放的心態，勇於發現和實現創新。

發明 32：可口可樂
飲料界傳奇的問世

可口可樂（Coca-Cola；簡稱 Coke；可樂），是由美國可口可樂公司生產的一種飲料，於 1886 年 5 月 8 日在美國喬治亞州亞特蘭大市誕生，至今已是超過百年的歷史。

可口可樂的發明者是美國的約翰‧彭伯頓（John Pemberton），他是名美利堅邦聯退伍軍人的藥師。美國內戰期間，他在北方服役，退役後為了治傷對嗎啡上癮，為了戒癮，他開始尋求替代品，如古柯葉或古柯酒。在 1885 年就已研發完成可口可樂的原配方，稱為「Pemberton's French Wine Coca；彭伯頓的法國葡萄酒古柯」。

因當時的配方含有古柯鹼和酒精，而正好喬治亞州的亞特蘭大市在這時發出禁酒令，他不得不又再次研發無酒精成份的可口可樂。因在主要藥效成份中分別是古柯鹼（Cocaine）及咖啡因（Caffeine），它同時也具有治療感冒頭痛等功效。而古柯鹼提取自古柯葉（Coca leaf），咖啡因則提取自可樂果（Kola nut）。

當時的品牌名稱命名由來，即是結合了此二者，並把可樂果「Kola」的字母 K 以字母 C 代替，從而得出「Coca-Cola」此名字。不過，目前市面上可口可樂已不含古柯鹼，咖啡因含量也低了許多。

關於可口可樂的配方之謎,至今仍為人津津樂道,事實上,可口可樂的主要配方是公開的,包含碳酸水、果糖糖漿、蔗糖、焦糖、磷酸、咖啡因及香料(包括失效的古柯葉與可樂果所提煉的物質及神秘配料等),但重點則在於占不到產品量體 1% 的香料神秘配料,正是所謂神秘「7X」配方。

這秘方被保存在亞特蘭大一家銀行的保險庫裡。它由三種關鍵成份組成,這三種成份分別由公司的三個高級職員掌握,三人的身分被絕對保密,連他們自己都不知道另外兩種成分是什麼,三人也不允許乘坐同一交通工具外出,以防止發生事故或飛機失事等,而導致秘方失傳。

▲ 約翰‧彭伯頓發明了可口可樂的神秘配方
圖片來源:https://kknews.cc/news/eorjmq.html

Yeh Sir 創意啟發大補帖

1. 堅韌不拔的創新者精神

約翰・彭伯頓的故事展示了一個創新者的堅韌不拔，從治療嗎啡成癮到尋找替代品，再到可口可樂的誕生，在面對生活困境時，他總是堅持不懈地尋求解決方案，這樣的精神是可口可樂成功的基石，也是每個人在面對困難時的榜樣。

2. 面對變革的積極回應

從可口可樂的發展歷史，可見市場的適應能力，對於一個產品的成功至關重要，當禁酒令實行時，約翰・彭伯頓不僅調整了飲料的配方，還將其重新包裝，這使得可口可樂成為一個合法、可接受的飲料。若想要長期屹立於市場，面對變革的積極回應，才能使產品在不同時代持續受到歡迎，

3. 秘密配方與獨特的營銷策略

可口可樂成功背後的故事，充滿懸念和令人驚嘆的元素，充分展現了創新、發明和商業的複雜性，還反映了品牌經營和市場行銷的重要性。公司為了保護其秘密配方，實行了複雜的保密措施，這使得可口可樂不僅是一種飲料，還是一個具有神秘感的品牌，這種獨特的營銷策略幫助可口可樂建立了長期的消費者忠誠度。

發明33：可口可樂

為愛創業，行銷致富

自從約翰‧彭伯頓（John Pemberton）在1886年發明可口可樂（Coca-Cola）配方，在喬治亞州亞特蘭大市問市以來，至今可口可樂公司的產品銷售已遍及全球，是世界最大的飲料公司，而行銷業務的成功拓展奇蹟，則是由阿薩‧坎德勒（Asa Griggs Candler）所開創。

深具生意頭腦的阿薩‧坎德勒，1851出生在美國喬治亞州，卡特斯維爾小鎮一個富裕的家庭，父親希望他成為一位名醫，阿薩‧坎德勒年少時正值美國內戰，當父親患了重病後家庭經濟狀況開始惡化，19歲的他選擇了就業以分擔家計。他在小鎮裡的小藥店當學徒，並決心要當一名藥劑師，因藥劑師是離醫學最近、也算是距離父親對他心願最相關的職業。

1873年，阿薩‧坎德勒想到大城市發展，口袋裡僅有1.75美元的他，在亞特蘭大市從上午到晚上走遍了城市的大街小巷，就是沒有藥店接受他的求職。一直到了晚上九點鐘，他來到一家「大眾藥房」，藥房老闆見了這疲憊不堪的年輕人，勉強同意他留下試用。當時在藥店工作是緊張又辛苦的，經自己的努力工作和發揮以往所學，他很快當上了店長，並與老闆的女兒相戀，但由於他的家境不好，這段感情並沒有得到老闆的祝福，不過他並沒有屈服，從此下定決心要自己創業成為大富翁。

1877 年，阿薩‧坎德勒與友人合夥開了批發零售藥材公司，隔年便與戀人結婚，並意識到僅僅靠批發藥材不能贏來更多利潤，必須尋覓更有價值和市場潛力的藥方。同為藥劑師的原可口可樂發明人約翰‧彭伯頓，由於不善經營，行銷能力也不高明，一生並沒有賺進太多錢，且在 1888 年過世了。

　　阿薩‧坎德勒在約翰‧彭伯頓過世之前，即以身上僅存的 2,300 美元買下了祕密的配方（私下稱之「魔水」），在 1892 年正式設立可口可樂公司，並推出了許多促銷活動、發送贈品等，使得這個商標迅速廣為人知。

　　可口可樂的瓶身設計，也是有典故的。阿薩‧坎德勒在推出首批產品時，認為：瓶身外形不僅要獨樹一格，在黑暗中也要能輕易辨識，就連摔破成片，也要能一眼認出。所以就請當時的玻璃公司，運用大英百科全書上的一幅可可豆的圖案，而創造出全世界人人熟識的獨特「可口可樂曲線瓶身」。

▲ 可口可樂公司第一任的總裁 - 阿薩‧坎德勒（左）、
可口可樂曲線瓶身（右）
圖片來源：維基百科（https://zh.wikipedia.org）、
可口可樂公司（http://www.coke.com.tw）

Yeh Sir 創意啟發大補帖

1. 堅持不懈的創業精神

　　坎德勒的故事是一個充滿毅力和創業精神的傳奇，儘管年輕時面臨許多困難，但他不僅在藥店學徒生涯中積累了寶貴的經驗，還成功建立了自己的事業，堅持不懈的精神，讓他得以克服挑戰，最終成為可口可樂公司的創始人。

2. 敏銳的市場洞察力

　　從坎德勒的創業故事可見尋找價值和市場潛力的重要性，當他意識到批發藥材公司無法帶來更多利潤，於是購買了可口可樂的秘密配方，這個決定不僅改變了他個人的命運，更創建了一個世界知名的品牌，這激勵我們尋找具有市場潛力的機會，並積極勇敢地去追求與實行。

3. 創新和差異化的價值

　　可口可樂的瓶身設計，反映出創新和差異化的價值，坎德勒的決定讓可口可樂的瓶身成為一個獨特的品牌特色，易於識別，這提醒我們在創建產品或品牌時，要考慮到差異化和獨特性，這有助於吸引更多的客戶和建立品牌忠誠度。

發明 34：甜甜圈
靈感源自好奇心與對美食的熱愛

甜甜圈（donut、doughnut），又稱多拿滋或唐納滋，是一種用發酵過的麵團，或特殊種類的蛋糕麵糊、砂糖、奶油和雞蛋混合後經過油炸製作的甜食。

甜甜圈最普遍的兩種形狀是中空的環狀，或麵團中間包入奶油、奶黃等甜餡料的封閉型甜甜圈。現在市售的做法，則是油炸之後在環狀的甜甜圈上再撒上糖粉、肉桂粉，或以糖衣包裹，或在圓圈狀的中心空洞處再注入奶油或奶黃。

▲ 甜甜圈
圖片來源：123RF 圖庫（https://123RF.com）

相信大多數人都吃過甜甜圈，但是你知道甜甜圈是怎麼發明的嗎？其實是源自小朋友的發明靈感，後來慢慢傳播開來的。

1940年代，美國人格雷戈里（Hanson Crockett Gregory）的媽媽常做油炸餅給小孩吃，原本的做法是將麵團壓扁後，放在油鍋裡炸，再撈出來食用。但有一天格雷戈里發現炸餅的中央部分還沒完全熟，吃起來挺不可口的，格雷戈里便詢問媽媽原因，得到的答案是：「若油炸的時間太長了，會變成是中央部分熟度剛好，但周邊卻又太焦了」。

於是格雷戈里靈機一動，拿起了胡椒罐，在新的餅皮中央壓出一個圓形孔洞，再請媽媽試試油炸的效果。一試之下，媽媽很驚訝這個小小創意的結果，竟然使圓圈狀的炸餅熟度很平均且十分鬆軟，變得更美味可口，於是這個方法就慢慢傳播開來了。因為讓甜甜圈好吃的秘訣，就在於如何在短時間內，讓甜甜圈完全炸熟。

Yeh Sir 創意啟發大補帖

1. 簡單、巧妙的點子

甜甜圈的發明過程是個有趣的故事，它凸顯了創新的本質，即簡單、巧妙的點子可能會改變整個世界。格雷戈里的創意，將一個圓洞戳進炸餅中心，不僅改善了食物的質感，還使甜甜圈更容易烹飪，這個小小的改變產生了極大的影響，讓甜甜圈成為了廣受歡迎的美食。

2. 保持開放的心態

格雷戈里的創意靈感源自他對食物的熱愛和對問題的好奇，這個故事提醒我們要保持開放的心態，時刻留意身邊的機會和可能性，有時候，我們可以從最不起眼的地方找到解決問題的方法，只要勇於思考和嘗試。

3. 家庭互動和合作

格雷戈里的媽媽不僅鼓勵他的創意，還參與實驗，這種家庭環境培養了他的創新思維。家庭是培養未來創造者和改變者的孵化器，我們應該鼓勵和支持家庭成員追求他們的創意和夢想，讓更多的美妙的靈感或發明得以萌生。

發明 35：口香糖
美國發明史上的驕傲

口香糖幫助保持乾淨口腔，廣受大眾喜愛，口香糖是供用於咀嚼而不是吞食的糖果，是世界上最古老的糖果之一，人類的先祖們就是愛咀嚼天然樹脂（Resin）從中取樂，這是最原始的「口香糖」。

幾千年來，來自不同地域文化的人們都有嚼食「口香糖」的習慣。古希臘人會用樹脂清潔牙齒、確保口腔清新，印第安人愛咀嚼樹幹汁液，中美洲的馬雅人愛嚼糖膠樹膠（Chicle）。中國早在漢代，人們就以咀嚼雞舌香當作口香糖，其氣味芬芳治口臭，雞舌香又稱母丁香，是丁香的成熟果實。

近代的口香糖產品，則與美國有很深的連結，更是美國發明史上的驕傲。1836年，墨西哥的桑塔・安納（Santa Ana）將軍在一次戰役中被俘，關了多年被釋放後，他將當地一種曬乾了的「人心果樹膠」帶到美國紐約，本來想要找人研究替代橡膠的可行性，但是失敗了。桑塔・安納就拿了一小塊放進嘴裡嚼咬，一方面思考下一步該如何做？

當時與他談話的湯瑪斯・亞當斯（Thomas Adams）瞭解了此樹膠的緣由後，也試試看咀嚼了一小塊，發覺口感很不錯，十分喜歡。於是他決定把將軍帶來的樹膠加工成圓球狀的新咀嚼物，在藥店裡銷售，結果大受人們喜歡。

1869 年，亞當斯便開始買進大批樹膠，大量生產及行銷這產品。次年（1870 年），他推出一種以甘草精調味的口香糖 "Black Jack"，並把口香糖從塊狀改為條狀售賣，大受歡迎，至今還可在市場上找到。

第二次世界大戰後，人們發明了口香糖合成劑和合成樹脂，不需使用產量受限的天然樹膠，於是促使口香糖產業大大發展。很快地口香糖便走向了世界，成為美國重要的外銷品之一。如今口香糖主要是用糖、糖漿、調味品、軟化劑和膠基來製作。

▲ 口香糖

圖片來源：123RF 圖庫（https://123RF.com）

Yeh Sir 創意啟發大補帖

1. 產品的歷史淵源與文化影響

許多日常生活中的產品和習慣都有深厚的歷史,並且受到不同文化和地區的影響,口香糖作為一種咀嚼物,其實歷史悠久,人類早期的口香糖源於自然界的樹脂,關於口香糖的歷史和發展,讓我們深入了解這個普遍存在於現代社會的嚼食習慣背後的有趣故事。

2. 偶然發現與創新的力量

有時,看似普通的事物或材料可以被重新應用,變身成為一項成功的商品。口香糖的現代形式是由一位墨西哥將軍的發現和一位美國人的創新而產生的,兩人之間的合作,展現出偶然發現和創新的力量,以及源於不同領域的知識和合作。

3. 創新的包裝與行銷策略

市場需求、消費者反饋、創新的包裝和行銷策略等因素,對於產品成功都有其重要性。當湯瑪斯·亞當斯將口香糖帶到市場時,人們對它的口感和清新效果感到滿意,這促使口香糖成為受歡迎的產品,而亞當斯的決定將樹脂加工成圓球狀的新咀嚼物,以及在藥店銷售口香糖,為這種產品的成功鋪平了道路。

發明 36：利樂包
二十世紀食品包裝科技最重要發明

　　利樂包（Tetra Pak）是二十世紀人類最重要的食品包裝科技發明，這個重要發明改善了人們的生活，影響至今已超過半個世紀，此重大技術發明源自瑞典的工程師發明人埃里克‧沃倫伯格（Erik Wallenberg），利樂公司於 1951 年由魯本‧勞辛（Ruben Rausing）創立，利樂包的發明創新靈感則來自日常的靈光乍現，以及企業對環保理念的堅持。

　　1943 年，時年 28 歲的埃里克‧沃倫伯格在瑞典的隆德當地食品包裝公司阿克倫德與勞辛（Åkerlund & Rausing），擔任實驗室研究的工作，魯本‧勞辛則是公司的老闆，該公司當時提供用於乳製品，飲料，奶酪，冰淇淋食品加工包裝和零售的配銷運輸事業項目。當時液體飲品皆是以玻璃瓶填充配銷運輸零售，消費者再將玻璃空瓶回收，由食品包裝公司清洗後重複使用，這種方式不但物流成本高，且很難確保每一支玻璃瓶都完全清洗得乾淨。

　　魯本‧勞辛有鑑於此一重大的液體飲品配銷、運輸、零售問題，決心要找尋更節省成本而且方便環保，盡可能少的包裝材料的方法，這樣才能與現行的牛奶分銷系統競爭。該研究實驗室嘗試並失敗了很多不同的解決方案，一直沒有成功，直到有一天埃里克‧沃倫伯格在實驗工作的空檔休息時，突然靈光一閃，想到曾經看過母親在家裡自製香腸的情景，將豬腸子內

部灌入淹漬好的豬肉，並一節一節分別綁起來，就成為一長串的香腸了。

想到這裡，埃里克‧沃倫伯格認為這樣的充填概念模式，應該能使用在液體飲料的食品包裝上。於是向他的老闆提出此構想，魯本‧勞辛確信這是個好點子，並支持其研究開發。但此時，另一個問題產生了，當時的紙材都是具吸水性的，若直接用於液體飲料的包裝，必定發生液體滲漏的狀況，且單層紙張的強度不足，無法立體化並定型。

在經過無數次的實驗及失敗後，終於開發出由六種複合紙層所製成的利樂包紙材，並在 1944 年 3 月申請了專利，1951 年創立利樂（Tetra Pak）公司。四面體飲品包裝技術的成功開發，使利樂成為球最成功的公司之一，該包裝今天仍以 Tetra Classic Aseptic 的名稱出售，在世界各地設立分公司行銷，員工人數由初創時的 6 人，發展至現今近 3 萬人。

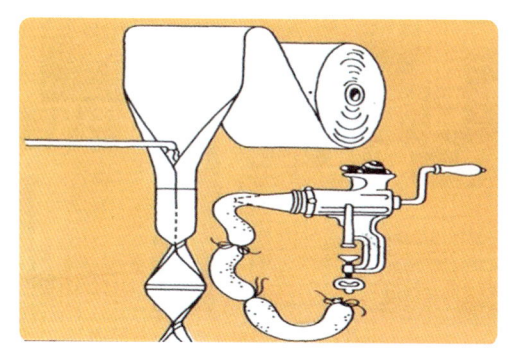

▲ 發明利樂包技術的構想，創意來自觀察香腸充灌的經驗（左）、世界第一款的利樂包牛奶（右）
圖片來源：瑞典利樂（https://www.tetrapak.com）

利樂公司為食品產業帶來的徹底變革則是無菌紙盒包裝於1961年的問世。以超高溫瞬間滅菌（UHT）處理的牛乳或果汁，在無菌充填製程與無菌紙盒包裝的結合下，可完全阻絕陽光、空氣、水氣、細菌及異味的侵入，所以無需冷藏及防腐劑，便可保持新鮮達數月之久；無菌包裝產品可常溫運銷及保存，包裝輕便可緊密堆疊，不但節能更可降低碳排放。

　　這項發明，被美國食品科技家學會推選為20世紀最重要的食品科技發明，它不僅顛覆了當時人們對食物保鮮的想像，提供了更為便利的消費新選擇，更是人類飲食文明發展的重要里程碑。

▲ 現代研發出來的各種利樂包款式
圖片來源：瑞典利樂（https://www.tetrapak.com）

第五篇、新奇食品超享受

Yeh Sir 創意啟發大補帖

1. 日常生活中的觀察和經驗,引發重大創新

日常生活中的觀察和經驗,可以引發重大創新,利樂包的發明,是從日常生活中發掘潛在創新的極佳範例。利樂包的發明解決了飲品包裝的問題,尤其是在確保食品安全性和便利性方面,也展現了一項創新如何改變食品包裝和運輸行業,而發明者埃里克・沃倫伯格的靈感,其實是來自於母親包製香腸的情景,可見生活中每一個不起眼的經驗都可能成為創新的來源,只要我們擁有敏銳的觀察力和聯想力,當碰到實際問題時,也就是尋找創新方法的好機會。

2. 創新沒有終止,而是不斷發展與改進

利樂包的發明也強調了環保意識的重要性,透過使用可回收材料和減少包裝的碳足跡,利樂包成為環保包裝的典範,對保護環境作出了積極貢獻。而利樂公司不僅創新了包裝技術,還持續改進和優化材料,這提醒我們,創新不應該止於一個點,而應該是一個不斷發展和改進的過程。

第六篇、誤打誤撞妙發明

發明 37　雙金屬材料：陰錯陽差妙發明
發明 38　鐵氟龍 PTFE：不經意發明的經典案例
發明 39　便利貼：誤打誤撞的發明奇蹟
發明 40　威而鋼：藍色小藥丸的誕生緣由

在科技發展史上,許多重要的發明都是在偶然和失敗中誕生的,正是這些陰錯陽差的範例,展示了創新往往來自於意外和錯誤,而在每一個意外和失敗中,都可能隱藏著改變世界的機會。

　　雙金屬材料的誕生源於美國海軍武器研究室的比勒,他無意中發現了鎳鈦合金絲的溫度記憶特性,緣於他在科學研究和實驗中,隨時保持開放的思維和好奇心。

　　鐵氟龍的發現同樣是一個偶然,鐵氟龍的多用途性使其成為從不沾鍋到醫療器材的理想材料,杜邦公司的工程師因為疏忽,發現了四氟乙烯固化成鐵氟龍的過程,從中可見對失誤持開放態度的重要性。

　　3M 公司便利貼的誕生始於原本被認為是研發失敗的黏著劑,這種黏膠的黏著力弱,本被認為無用,但做成書籤用的便利貼,則成為辦公室和家庭必備的小工具。

　　威而鋼的發明過程充滿戲劇性,最初作為治療心血管疾病的藥物,卻在臨床試驗中意外發現了其改善男性性功能的副作用。

　　本篇介紹的故事,強調了創新和發明的不確定性和多樣性,提醒我們在面對失敗時應保持開放的態度,並從中尋找新的機會。

發明 37：雙金屬材料

陰錯陽差妙發明

我們日常生活中的有些物品，在發明的當時，其實並不是有意的去研究創造出來的，而是陰錯陽差歪打正著所產生的，至於歪打正著又能成功的關鍵，就在於「能否從失敗的經驗結果中發現它的新用途」。

比如，電鍋中雙金屬電源開關以及眼鏡的不怕折能自動恢復原狀的記憶合金耳架，這種具記憶特性的雙金屬材料的誕生及其新用途的發現，正是陰錯陽差的妙發明。

1962年，服務於美國海軍武器研究室的金屬專家比勒（Beehler），當時因研究工作所需，要使用到鎳鈦合金絲，所以到倉庫取出鎳鈦合金絲放在工作室的角落，但並未即時使用。過了幾天，當比勒要使用時，卻發現這些合金絲每根都呈現彎曲狀，沒有一根是直的。

比勒記得他從倉庫取出這些鎳鈦合金絲時，它們都是直的，為什麼現在會全變成彎曲狀呢？經過不斷思考與觀察，比勒發現放合金絲的角落有台電熱爐，這地方周圍的溫度特別熱，所以他直覺的認知到，合金絲的形狀變化一定和溫度的冷熱有關。於是他又從倉庫中取出直的合金絲，放在酒精燈上加熱實驗，以驗證自己的猜想，果然，合金絲因受熱馬上彎曲起來，放置冷卻後又能恢復原狀。

後來，他又發現除了鎳鈦合金外，銀鎘、鎳鋁、銅鋅合金等，都具有此種溫度記憶的特性。這種記憶特性的材料除了應用於民生用品上，也被製成特殊的機械接頭扣件，當在較低溫時接頭能緊扣在一起絕不脫落，在常溫下又能自動恢復鬆開的原狀，這項發明後來也應用到美國海軍 F-18 大黃蜂及 F-14 熊貓式戰鬥機上。

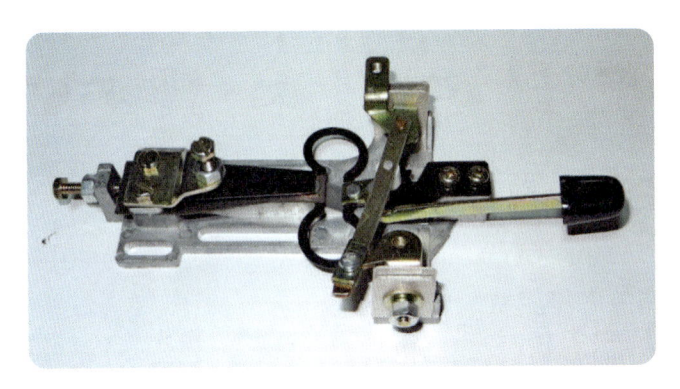

▲ 「雙金屬開關」是電鍋中的必要零件之一
圖片來源：PChome 商店街（https://seller.pcstore.com.tw）

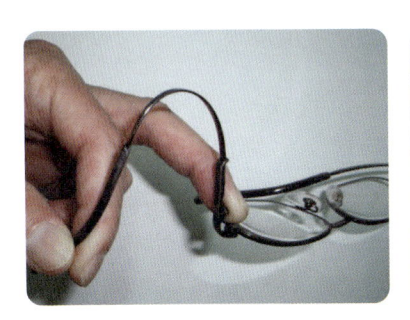

▲ 記憶金屬製成的不怕折眼鏡架及工業用記憶合金絲
圖片來源：葉忠福攝

Yeh Sir 創意啟發大補帖

1 失敗是一個新的開始

關於雙金屬材料的故事，展現了創新的驅動力和機遇在人類發明史中的重要性，事情的發展往往是出乎意料的，即使最初的目的是不同的，失敗和偶然也能導致有價值的發現，因此，失敗並不意味著就是結局，它可以是一個新的開始。當比勒發現原本直的合金絲變彎曲後，他並沒有因為這個失敗而灰心，相反地，他把這次失敗當作一次寶貴的學習機會，最終發現了這種記憶特性的材料。

2 開放思維與實驗精神

開放的思維和好奇心是創新的重要因素，比勒沒有放棄或忽視合金絲彎曲的奇怪現象，而是主動追蹤了這個問題的來源，創新是一個多元化和不確定的過程，需要好奇心、耐心、開放的思維，以及對失敗的適當理解與反應。

此外，科學研究和實驗亦有其必要性，在發現雙金屬材料的過程，比勒透過實際的實驗和觀察，能夠理解材料的性質和行為，進一步應用到實際的產品中，這種將科學知識轉化為實際應用的過程，正是許多技術和產品的基礎。

發明 38：鐵氟龍 PTFE
不經意發明的經典案例

發明史上常有不經意間的產物，杜邦公司的鐵氟龍發明正是個有趣的例子。1930 年代，杜邦的工程師們正在開發新的冰箱製冷劑（冷媒），有一天忘了將實驗品的四氟乙烯桶子鎖好收藏起來，過了幾天後發現桶內的氣體慢慢蒸發而聚合起來成了固體，名為聚四氟乙烯（PTFE），就是現今所稱的鐵氟龍。

這項因作業失誤所產生的非預期結果，其相關的經驗資料檔案，曾被封存多年，沒人去特別注意。但由於鐵氟龍具耐高溫、無毒、耐磨、防腐、絕緣、密封、表面光滑、防黏等特性，後來無意間被其他的工程師發現它的新用途，直到今天已經被廣泛的應用在不沾鍋廚房用品、汽車零組件、醫療器材……等方面，也為杜邦公司創造了可觀的營業利潤。

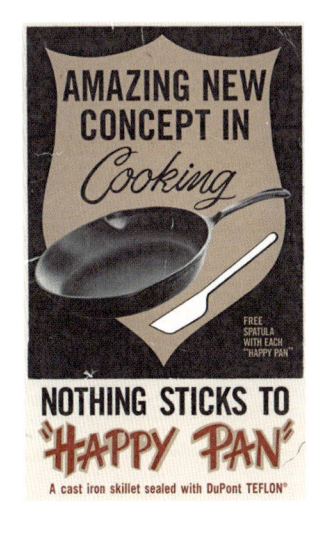

▲ 美國早期的不沾鍋廣告傳單
圖片來源：維基共享資源
(https://commons.wikimedia.org)

Yeh Sir 創意啟發大補帖

1. 失誤和偶然導致的發現

鐵氟龍（PTFE）材料的發現是出於失誤與偶然，儘管工程師當初是在尋找新的冰箱製冷劑，但他們的疏忽卻導致了四氟乙烯固化而成的鐵氟龍材料的誤發現。

有時候，最有價值的發現是來自意外，而不是精心計畫的，在這個情境下，工程師忘記了鎖住四氟乙烯實驗品，但卻開創了 PTFE 的全新應用領域。這提醒我們對於失誤保持開放的態度，或許會因而引導我們朝意想不到的方向前進，而錯誤也並不總是壞事，它們也可能是未來成功的機會。

2. 發掘產品的多功能與多用途

PTFE 最初被誤認為是廢物，但它後來被發現具有耐高溫、無毒、耐磨、防腐、絕緣、密封、表面光滑、防黏等多種出色的性能，這種多功能性使其成為各種產品的理想材料，從不沾鍋到醫療器材都有其應用。這啟示我們，有時候重新思考和重新評估現有資源，或許就能發現它們的潛在價值，開拓更多功能或用途。

發明 39：便利貼
誤打誤撞的發明奇蹟

3M便利貼也是誤打誤撞的發明，3M公司的黏合劑研發部工程師席爾弗（Spencer Silver）本來是要研發超強黏著力的黏膠，無奈經過多次的實驗結果都失敗了，黏膠黏上去很容易就被撕下來，黏著力一點都不強，覺得它一點用處也沒有。

而他的同事福萊（Arthur Fry），每次上教堂時，都覺得夾在讚美詩歌本上的書籤很容易就掉下來，如果有一種便利貼既易於撕下又不會破壞書本的貼紙那該有多好。於是他靈機一動，想到他的同事席爾弗的失敗研發黏膠，剛好具有這種特性，就拿來使用看看，效果令人滿意。後來3M公司就依此市場需求製造了便利貼，現在幾乎在每個辦公室或家裡都能見到。

所以，不必為發明過程中的失敗而感到懊惱，每一次失敗的經驗，都可能是另一次成功的起點，只要我們多用心去思索，從失敗的產品中，是否能「發現新用途」，解決以前從未想到的某些問題，或許就因這樣而創造了新的發明奇蹟。

▲ 便利貼
圖片來源：123RF 圖庫
（https://123RF.com）

Yeh Sir 創意啟發大補帖

1. 探索更多的可能性

　　創新和發明經常並非產生於預期的計畫中，反而是來自於失敗或不完美的實驗，3M 公司的便利貼便是一次誤打誤撞的實驗失敗而誕生的。在研發過程中，席爾弗原本的目標是開發超強的黏著劑，雖然多次的實驗都以失敗告終，黏著劑最初被認為毫無用處，但當有人有新想法時，它就變成了一個革命性的產品。這提醒我們，創新發明需要靈活思考，保持開放態度，不斷探索事物的多種可能性。

2. 合作與共享想法

　　創造發明的成果也常常並不專屬於個人，而是由於成員之間經驗或知識的分享，激發出新的創意與解決方案。從便利貼的發明過程，便能看出合作和共享想法的價值，發明者福萊的靈感來自於他自己的需求，但他主動與同事席爾弗分享了他的想法，並將席爾弗的失敗實驗應用到了實際情境中，從而誕生出一項成功的商品。

發明 40：威而鋼

藍色小藥丸的誕生緣由

威而鋼（Viagra），俗稱的藍色的小藥丸，今日已廣為人知，主要用於治療男性性功能障礙，然而此藥物的誕生過程其實充滿了戲劇性和偶然性。

最初，威而鋼並不是為了治療性功能障礙而研發的，而是作為治療心血管疾病的一部分。20 世紀 80 年代末，輝瑞（Pfizer）公司正在致力於研發一種新的心血管藥物，旨在治療心絞痛和其他心血管疾病，當時的研究集中在 PDE5（磷酸二酯酶 5）的酶上，希望能透過抑制這種酶來擴張血管，從而改善血液流動，減少心絞痛的發作。

輝瑞的科學家們合成了一種名為西地那非（sildenafil）的化合物，並進行了臨床試驗，不過這些試驗並沒有達到預期的效果，對心絞痛的緩解作用有限。然而，在試驗過程中，研究人員卻發現了一個意想不到的副作用：試驗中的男性受試者普遍報告說，他們的性功能得到了顯著改善。

這個意外的發現引起了輝瑞科學家的極大興趣，經過進一步的研究，確認了西地那非對男性性功能的積極影響，他們意識到，這個藥物在特定條件下能夠促進陰莖血管的擴張，從而增加血液流動，達到改善勃起功能的效果。

輝瑞隨即改變了研究方向，將重點轉向治療男性勃起功能

障礙，雖然這一改變並非一帆風順，因為這意味著他們需要重新進行一系列的臨床試驗，以證實西地那非在這一新用途上的安全性和有效性，但這些試驗最終證實了西地那非對於治療男性勃起功能障礙具有顯著效果。

　　1998 年，西地那非以商品名「威而鋼」正式上市，成為首個獲得美國食品藥品監督管理局（FDA）批准用於治療男性勃起功能障礙的口服藥物。威而鋼的推出在市場上引起了轟動，迅速成為全球暢銷藥物，這顆小小的藍色藥丸不僅為輝瑞公司帶來了巨大的經濟效益，也改善了無數男性的生活品質。

　　除了在治療男性性功能障礙方面的表現，威而鋼在另一個意想不到的領域──高山症治療中也顯示出潛力。高山症是由於高海拔地區的低氧環境引起的，可能導致嚴重的健康問題，甚至危及生命，而威而鋼透過擴張肺部血管，提高氧氣輸送效率，可以減輕高山症的症狀。

　　此一發現再次證明了藥物研究中的偶然性和多用途性，儘管威而鋼最初是為了治療心血管疾病而開發，但其多重作用機制使其在其他領域也得到了應用。

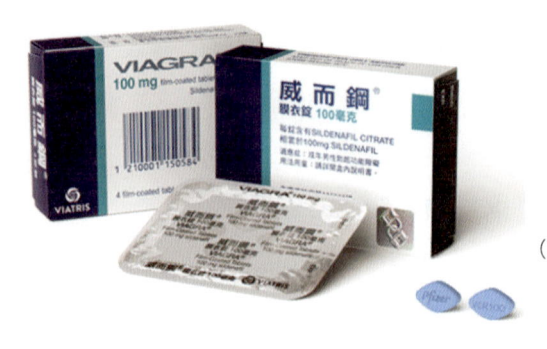

▲ 威而鋼
圖片來源：VIATRIS
(https://www.viatris.tw)

Yeh Sir 創意啟發大補帖

1. 醫療科學的意外與驚喜

威而鋼從一個心血管藥物的失敗品，一躍成為治療男性性功能障礙和高山症的明星藥物，這段歷程充滿了科學研究中的意外和驚喜，而意外的出現往往能帶來巨大的突破和創新。

威而鋼的成功不僅僅在於它的藥效，更在於它打破了社會對性功能障礙的諸多禁忌，許多男性因為這種藥物，重新找回了自信，改善了夫妻關係，這在社會和文化層面上產生了深遠的影響。

2. 失敗中蘊藏機會與突破

這段誤打誤撞的旅程，也提醒我們在面對挫折和失敗時，保持好奇心和開放的態度至關重要，因為每一個失敗中都可能蘊藏著意想不到的機會和突破。威而鋼的故事，無疑是科學創新和人類智慧的一個絕佳範例，也為我們未來的探索和創新提供了寶貴的啟示。

第七篇、創意發明練功房

練功秘笈 1：創意發明的基本要素
練功秘笈 2：設計新產品的重要觀念
練功秘笈 3：創意技法大揭密
練功秘笈 4：商品創意的產生訣竅
練功秘笈 5：創新發明原理與完整流程

「需求為發明之母」這句話，顯示了人類在面臨困難或挑戰時，所激發出的創新和發明能力。歷史上許多偉大的發明和突破，往往源自於解決實際問題的需求，而不是單純的好奇心或偶然的靈感。

在日常生活中，「需求」驅動著科技的進步和社會的發展，例如，電燈的發明是為了解決夜晚照明不足的問題；汽車的發明是為了提高交通的便捷性和效率；網際網路的誕生，則是為了解決資訊傳遞和共享的需求。

本書所述四十則發明故事，在「Yeh Sir 創意啟發大補帖」中，所提及大都為引導讀者做「發現問題」和「創意思考」的「內在動腦思維」方向，而本篇「創意發明練功房」內容，則介紹創意發明最基礎的執行面應有的觀念，以及執行時一些實用的方法，希望帶領讀者建立正確的創意發明的「外在動手發展」工作。

畢竟，一件創意發明作品不論多簡單或多複雜，在實現具體化之前，勢必都需要經過「動腦及動手」二個階段，才能被真正實現出來。

練功秘笈 1
創意發明的基本要素

一、發明首要工作就是「發現需求」

所謂「需求為發明之母」，大部分具有實用性的發明作品，都是來自於有實際的「需求」，並不是無目的性地為發明而發明。因此，首先應掌握何處有需求、需求是什麼，而在每個有待解決的困難、問題或不方便的背後，就是一項需求，只要能夠對於身邊每件事物的困難、問題或不方便之處，多加用心觀察，必定會很容易找到「需求」在哪裡，當然發明創作的機會也就出現了。

也有人開玩笑的說：「懶惰為發明之父」，對發明創造而言，人類凡事想要追求便利的這種「懶惰」天性，和相對的「需求」渴望，其實只是一體的兩面。所以，用一句簡單的話就能完整表達這樣的基本要素觀念：「一個問題就是一個需求，一個需求就是一個商機」。

例如，早期的電視機，想要看別的頻道時，必須人走到電視機前，用手去轉頻道鈕，人們覺得很不方便，於是就有了「需求」，這個需求就是最好能坐在椅子上看電視，不需起身就能轉換頻道，欣賞愛看的節目。當有了這樣的需求，於是發明電視遙控器的機會就來了，所以，現在的電視機每台都會附有遙控器，已解決了早期的不便之處。

又如，簡便的智慧蔬果農藥檢測器，使用簡易方便，能提供家庭主婦洗菜時立刻得知蔬果裡的農藥殘量是否為安全，並在洗淨後發出提示，這也必定有廣大的需求。這種「供」、「需」的關係，其實就是「需求」與「發明」的關係。

▲ 工研院智慧微系統科技中心研發的「隨手型智慧蔬果農藥檢測器」可即時動態監測農藥殘量，並以燈號發出提示
圖片來源：工業技術研究院
(https://www.itri.org.tw)

二、商品化與行銷是重點

據近年來台灣發明界的估計，台灣的業餘發明人及專業發明家人口約五萬人，這當然還不包括在各大企業中研發部門的工程師及大學教授等，這些實際有在從事研發工作的人，若要將這群工程師及教授們都計算在內的話，台灣的研發工作人口估計約有一百萬人。

發明創新產品的研發，及每一件專利案的提出申請，發明人都是必須付出有形的金錢費用代價的，相對的，它背後也潛在著龐大利益的可能性，若是一個沒有利益可言的專利案，就實在沒有提出申請的必要性。

就是因為專利的提出涉及到龐大的商業利益（若商品化成功的話），所以專利案的申請長久以來就被認為是一種「以小搏大」的工具和手段，可在重要的關鍵時刻發揮它極大的槓桿作用，一項成功的發明創作，可為發明人帶來極大的名與利。

　　此外，參加發明展，尋求曝光機會是很重要的，然而是不是在發明展中獲得大獎的肯定，就證明這項發明的商品化能成功呢？答案是「不一定」，因為商品化要成功，還必須有許多行銷策略條件的配合，但發明人如能在國際性的發明展中獲獎，對於日後的商品化在行銷推廣宣傳上，是會有相當大正面助益的。

　　參加國際發明展的另一個好處，為「培養國際觀」，在世界各國眾多發明家的作品當中，我們可以觀摩學習到世界上產品發明的最新趨勢，而且很多廠商企業都會派專家在展場，尋找具有市場潛力的原創性發明作品，若你的發明作品是具有「市場潛力」及「原創性」這兩種特質的，則很可能在國際發明展的現場，就會有人以高價向你買斷專利權，這是發明人最簡易的「發明致富」方法。

　　因此，發明人應多參加各種發明展，讓發明人「錢進口袋」多一些成功的機率，就如有句話説：「發明就是要實現以創新變現金，用智慧換機會。」

三、學習發明須掌握六項重點

　　「發明」並非如一般人刻板印象中那麼的困難與神祕，它

是可以透過學習，用正確的創作歷程及態度做為開始，靠按部就班的做法，而可達到一定的發明創作水平。

長久以來，很多人對發明有所迷思，以為發明是純屬在種種因緣巧合下所發生的，而非後天所能培養。其實發明是一套完整的策略思考工具的總成，就如學開車、學烹飪一樣，它能學習亦能應用。

在學習正確的創作歷程與態度時，應注意掌握下列幾項基本重點：

1. **發現需求**：要去了解想要創作的東西，是否有其實用性？市場價值在哪裡？
2. **掌握創意的產生及訣竅**：在發明的過程中，這是很重要的一項。
3. **善用已有的知識**：善用已有的知識加以變化及整合，便會有所創新。
4. **道德的考量**：應將創意用於正途上，不要去做改造槍砲、提煉毒品等違法工作。
5. **避免重複發明**：必須明確的蒐集與查詢現有的專利資料情報，以免徒勞無功，白忙一場。
6. **行動**：別光說不練，要腳踏實地的去做。

若能掌握以上幾項基本的重點，再參照本書的各種技巧加以學習與應用，你的發明之路差不多就已經成功一半了。

練功秘笈 2
設計新產品的重要觀念

一、新產品的涵意

現今企業之間的競爭非常激烈，若想要打贏這場商品大戰，創新商品的美觀設計、功能、品質、價格、可靠度、智慧財產保護措施……等種種因素，對於產品本身競爭力的強弱都有其關鍵的重要性。以「可變燈光顏色蓮蓬頭」的創新產品設計為例，可以讓發明人參考觀摩此種商品設計理念。

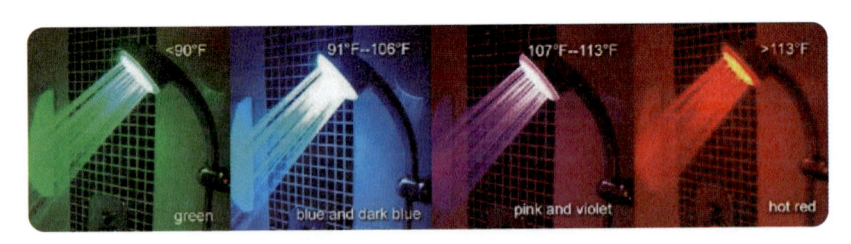

▲「可變燈光顏色蓮蓬頭」本發明創作以不同 LED 燈發光顏色，代表不同水溫的蓮蓬頭設計

圖片來源：Viralane 爆熱航道（www.viralane.com）

蘋果電腦創辦人賈伯斯，對新產品設計的核心理念之一就是：「精湛的設計和高超的科技同樣重要」，唯有不斷地在技術及產品造形設計和人性化的操作介面上，不斷自我創新與改革，才能在市場上屹立不搖。

所謂「新產品」在其內涵上是非常廣泛也很難定義的概念，其中，包括新的功能結構設計、新的製造方式、新的材料應用、新的市場定位、新的行銷策略……等，都是「新產品」開發的範疇。不同的人基於不同的立場，對它的觀點定義是有所差異的。

1. 消費者觀點

以使用者或消費者的觀點來看，對於產品的各種構成要素，如功能、外觀造型、樣式、包裝……等，只要有其中一項產生變化或加以改良，使用者都會視之為新產品。

2. 設計者觀點

從設計開發技術者的觀點來看，如採用了新的材料、新的技術或新的美工設計，使之在成本、效能、美觀、操作性……等，產生變化都可被認為是新產品。

3. 製造者觀點

若是從生產製造者的觀點來看，製造從來未生產過的產品，就是新產品。

4. 發明者觀點

對發明人而言，凡是以前從未構想、實施過的新理念，也都可視為新的發明設計。

二、創新商品的考量注意事項

舉凡在日常生活中，所有的用品，在發明及改良時，最好能考量以下幾項：

1. 創新引導設計

設計者不能一直以工程師的專業觀點為依歸，好的產品設計，是需要常常用心去聽取與顧客第一線接觸的「行銷者」心聲，以其創新點子為產品設計的藍本。

2. 客戶導向

以客戶的觀點為導向，掌握大多數消費者的想法與需求，以使用者客戶的觀點為考量，無論在功能上、操作介面人性化、使用方法上、成本上做考量，不可只用技術者的觀點，閉門造車式的設計產品，否則可能造成自認為產品很好，但消費者卻覺得不適用的嚴重產品認知差距。

這也就是所謂的「超越硬體思維」，設計者一定要去了解及研究，關於顧客對產品使用的所有相關訊息，及使用產品的行為與習慣……等，必須完全的洞悉。

3. 實際解決問題

產品必須能實際解決問題，沒有一個消費者不希望他所買到的產品，是真正有效能替他解決所遇到的困難，或使他得到更大便利的。

4 物美價廉

成品須物美價廉而且實用，無論是一般生活日常用品，甚至是工業產品，都要把握這個原則，唯有在初期設計時，就將這些項目好好考慮衡量一番，才能真正在大量生產製造時，做出完美的產品。

5 結構簡單好用

設計者應要有：「第一流的設計是簡單又好用，第二流的設計是複雜但好用，第三流的設計是複雜又難用」的這種認知，有了這種認知，再去著手計設計出一流的產品，才能在成本與品質上，有出色的表現。

6 良好維修性

結構設計，必須要考量到良好的維修性，尤其是工業產品或機具、家電等需要維修服務的產品，在設計之初就應加以注意，免得量產之後當產品有故障須維修時，為了換一個小零件，結果必須把整台機器全拆光了，才換得了這個零件，這是很多新手設計者常犯的毛病。如能在產品開發時，就有良好的維修性設計考量，對日後的售後服務，不但可以節省維修時間及人工成本，更能減少顧客的抱怨。

有了以上這幾項要點的考量之後，再來進行實際的產品開發設計，如此所生產出來的產品，一定能贏得顧客的喜愛。

練功秘笈 3
創意技法大揭密

一、創意的產生與技法體系分類

在諸多創意的產生方法中,有屬於直觀方式的,亦有經使用各種創意的技法或以實物調查分析而得到創意方案的,目前世界上已被開發出來的創意技法超過 200 種以上,諸如,腦力激盪法、特性列表法、梅迪奇效應創思法、型態分析法、因果分析法、特性要因圖法、關連圖法、六頂思考帽法、心智圖法、KJ 法(親和圖法)、Story(故事法)⋯⋯等。

創意技法非常多,各種技法的適用場合不一,技巧性與方法各異,但綜合各類技法的創意產生特質,可將之歸納為分析型、聯想型和冥想型等三大體系。

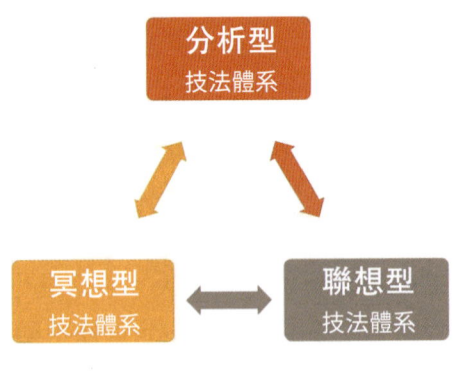

▲ 創意技法的三大體系

1 分析型技法體系

這類型的技法,是指根據實物目標題材設定所做的各種「調查分析」技法運用,而後所掌握新需求的創意或解決問題的創意方案等,均屬之。例如,特性列表法、問題編目法、因果分析法、型態分析法…等。這是一種應用面非常廣的技法體系。

2 聯想型技法體系

這類型的技法為透過人的思考聯想,將不同領域的知識及經驗,做「連結和聯想」而能產生新的創思、想法、觀念等,此體系之技法有別於前項以「調查分析」做為主體的技法。例如,梅迪奇效應創思法、腦力激盪法、相互矛盾法、觀念移植法、語言創思法……等,這也是一項最常被應用的技法體系。

3 冥想型技法體系

這類型的技法在東、西方的文化元素裡都有,此技法是透過心靈的安靜以獲致精神統一,並藉此來建構能使之進行創造的心境,也就是由所謂的「靈感」來啟動產生具有新穎性、突破性的創意。

從心理學的角度來看,靈感是「人的精神與能力在特別充沛和集中的狀態下,所呈現出來的一種複雜而微妙的心理現象」,例如,在東方文化中的禪定、瑜伽、超覺靜坐;西方文化中的科學催眠……等。冥想靈感的產生,雖在一剎那

之間，但它仍與一個人的知識、經驗及敏覺力，有著密切的相關性。

一個創意的產生，有時可由上述的某個單一體系而產生，有時並非單純的依靠著某個單一體系完成，而是經由這三大體系的多種技法交互作用激盪而產生出來的。

二、常用的創意技法

在目前已被開發出來的兩百多種創意技法中，因各種技法的特質、適用場合、技巧性等各有不同，某些技法有其同質性，亦有某些技法存在著程度不一的差異性，若要細分出來切割明確，實屬不易。以下要介紹的是我們最常用、應用面最廣、易於使用的幾種重要創意技法。

1. 腦力激盪法

腦力激盪（Brainstorming），這是一種群體創意產生的方法，也是新產品開發方法中最常被使用的方法，其原理是由美國奧斯朋（Alex F. Osborn）所發明，其應用基本原則有下列幾項：

(1) 聚會人數約五至十人，每次聚會時間約一小時左右。
(2) 主題應予以特定、明確化。
(3) 主席應掌控進度。
(4) 運作機制的四大要領為：

① 創意延伸發展與組合：由一個創意再經組員聯想，而連鎖產生更多的其他創意。

② 不做批判：對所有提出的創意暫不做任何的批評，並將其再轉化為正面的創意，反面的意見留待以後再說。

③ 鼓勵自由討論：在輕鬆的氣氛中發想對談，不要有思想的拘束，因為在輕鬆的環境中，才有助於發揮其想像力。

④ 數量要多：有愈多的想法愈好，無論這一個創意是否具有價值，總之，數量愈多時，能從中產生有益的新構想之機率就會愈高。

具有創造性的思考，是要能提出許多不同的想法，而這些想法最後也必須找出具體可行的方法。在這過程中必須先提出「創意點子 Creative Idea」，而在眾多創意點子中，經過客觀「評價 Appraise」的程序，進而找出最具「可行性 Feasibility」的項目去「執行 Execution」，即可順利達成目標。

通常人們的習慣是在提出創意點子構思的同時，就會自己先做「自我認知」的評價，在這當中又常會發生自認為這點子太差勁或太幼稚了，根本不可行，提出來會被同組一起討論的人「笑」，所以，東想西想，卻也開不了口，連一個創意點子也沒提出來。其實這是不正確的，若一邊構思創意點子一邊做評價，其結果反而會破壞及壓抑了創造性思考力。

正確的做法應該是，在提「創意點子」階段時，所有組內成員都先不要做任何評價，哪怕是天馬行空的點子都不可恥笑，只要盡可能地發揮創意、想出各式各樣的點子，數量愈多愈好。於下階段做「評價」時，再由全組人員共同討論各個創意點子的優點、缺點、可行性……等，然後選出可行性「高」者，去「執行」即可。若可行性「高」者的項目太多時，則可進行「再評價」來選出「最高可行性」者，然後去「執行」。

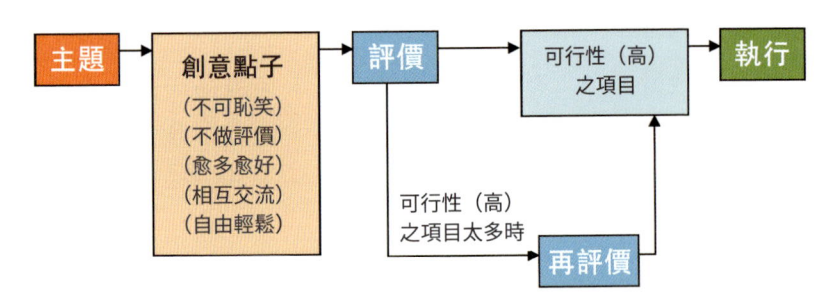

▲ 腦力激盪之創意產生與評價模式

腦力激盪法是基於一種共同的目標信念，透過一個群體成員的互相討論，刺激思考延伸創意，在有組織的運作活動中，激發出更大的想像力和更具價值的創意。

2. 問題編目法

也稱「問題分析法」或「調查分析法」，是以設計問卷表的方式，讓消費大眾對他們所關切熟悉的產品或希望未來能上市的新產品，有一些創新性的概念，以供廠商研發新產品時的參考。例如，化妝品、食品藥品、家電、汽車等，針對

某一類產品的特定問題，結合自己的偏好、熟悉的性能、使用習慣和新的需求聯繫起來，再經過濾分析萃取具有價值的想法，從中誘發出對新產品的創意構想。

3. 筆記法

此法是將日常所遇到的問題及解決問題方法的靈感，都隨時逐一的記錄下來，經不斷反覆的思考，沉澱過濾，消除盲點，然後就會很容易「直覺」的想到解決問題的靈感，再經仔細推敲找出最可行的方法來執行，透過這種方法可以啟發人們更多的創意，此法也是愛迪生最常使用的技巧之一。

4. 特性列表法

又稱「創意檢查表法」，也就是將各種提示予以強制性連結，對於創新產品而言，這是一種周密而嚴謹的方法，它是將現有產品或某一問題的特性，如，形狀、構造、成分、參數以表列方式，作為指引和啟發創意的一種方法，使用此法可經由多面向不同角度的觀察，逐一修改變更這些特性，即可在短時間內引發出新的產品創意。

其表列提示，例如，有無其他用途？是否可省略？能否擴大？能否縮小？組合呢？分離呢？對調呢？能否改變使用方法？能否被置換？能否予以替代？有否其他素材？有否其他製造方法？能否重新排列調整？如果顛倒的話？如果結合的話？等等。各種產品或專案會有各種不同的表列提示項目，這可視使用者所需自行訂定。

5. 大自然啟示法

這是一種透過觀察研究大自然生態如何克服困難解決問題的方法，創意的產生可以運用這種觀察生態的做法，解開生物界之謎後，並加以仿效，再應用到人類的世界中。

例如，背包、衣服及鞋子上所使用的魔鬼氈，它的發明就是模仿了刺果的結構，這種植物刺果長了很多附著力極強的短毛細鉤，因而能緊緊的黏在一起，發明者因而創造出了魔鬼氈。又如，手工具中的鉗子，就是仿效螃蟹鉗而來，飛機則是仿效小鳥的飛行所發明的。

6. 相互矛盾法

此法亦稱「逆向思考法」，就是將對立矛盾的事物重新構思的方法，有些看似違背邏輯常理或習慣的事重新結合起來，卻能解決問題。例如，鉛筆加上橡皮擦的創意，原本一項是用來寫字的，而另一項卻是擦去字跡的，將它的對立用途結合起來，就能創造出有用的統一體。又如，玻璃窗的特性是「透光不透風」，為了解決某些場所的需求，要「透風不透光」，而依其對立矛盾的原則，設計出了百葉窗的產品。

▲ 百葉窗
圖片來源：123RF 圖庫
(https://123RF.com)

7. 觀念移植法

此法是把一個領域的觀念移植到另一個領域去應用，例如，人類好賭的天性，從古至今中外皆然，與其將這種人性中行為地下化，倒不如讓它檯面化，所以，就有很多的國家政府將此一「人性好賭」的觀念移植到運動彩券、公益彩券的發行做法上，不但滿足了人們好賭的天性，也讓社會福利基金有了大筆的經費來源。

8. 語言創思法

就是如何辨識出挑戰之所在，並透過語意學的分析應用，迅速形成各種應對之道，這是運用語言的相關性及引申性，來進行創意聯想。

此法常用於廣告創意中，例如，賣炸雞排的店取名為「台雞店」，與著名半導體公司「台積電」同讀音；日本內衣生產商華歌爾的廣告語詞創意中，使用了「用美麗把女人包起來」的創思語言；及某廠牌的保肝藥品廣告語：（台語）「肝若好人生是彩色，肝若不好人生是黑白的」；又如，由 NW 愛爾（N.W. Ayer & Son）廣告公司為戴比爾斯聯合礦業有限公司（De Beers Consolidated Mines Limited）製作的「鑽石恆久遠，一顆永流傳」創意廣告一詞，其廣告宣傳成就不凡，且已註冊為商標等，令人印象深刻的廣告創意語言。再如，年輕人的許多創思語言：520（我愛你）、可愛（可憐沒人愛）、蛋白質（笨蛋白癡沒氣質）等。

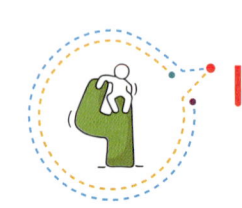

練功秘笈 4
商品創意的產生訣竅

每一個人除了在各個專業領域所遇到的瓶頸外，在生活當中，也一定都會遇到困難或感到不方便的事項，在此時正好就是產生創意思考，去解決問題的時機。然而，發明家不只在想辦法解決自己所遇到的困難，更能去幫別人解決更多的問題，尤其當創意是有經濟價值的誘因時，從一個創意產生，到可行性評估，再到實際去實踐，是需要一些訣竅的，以下先將一些創意的產生訣竅及有效方法，提供給讀者參考及應用。

一、從既有的商品中取得靈感

可經常到國內外的各種商品專賣店或展覽會場及電腦網路的世界中尋找靈感，由各家所設計的產品去觀察、比較、分析看看是否有那方面的缺點是大家所沒有解決的或是可以怎樣設計出更好的功能，再加上下列所提的各種方法去應用，相信要產生有價值的發明創意並不困難。

二、掌握創作靈感的訣竅

1. 隨時作筆記

一有創作靈感就隨時摘錄下來，這是全世界的發明家最慣用而且非常有效的訣竅，每個人在生活及學習的歷程中都

不斷的在累積經驗，這些看似不起眼的經驗或許正是靈感的來源。

而靈感在人類的大腦中常是過時即忘，科學研究指出，這種靈感快閃呈現，大多只在大腦中停留的時間極為短促，通常只有數秒至數十秒之間而已，真的是過時即忘，若不即刻給予記錄下來，唯恐會錯過許多很好的靈感。

就像很多的歌手或詞曲創作者一樣，當靈感一來時，即使是在三更半夜，也會馬上起床坐到鋼琴前面趕快將靈感記錄下來，其實發明靈感也是相同的。而且當你運筆記錄之時常又會引出新的靈感，這種連鎖的反應，是最有效的創作靈感取得方法，大家不妨一試。

2. 善用潛意識

這也是個很好的方法，相信大多數人都有這種經驗，當遇到問題或困難，無法解決想不出辦法時，先去吃個飯或看個電影或小睡片刻，將人轉移到另一種情境裡，時常就這樣想出了解決問題的方法，這就是我們人類大腦潛意識神奇的效果。

三、腦力激盪

這個方法也是發明家們最常用的訣竅之一，由筆記所摘錄的靈感中，一再經有系統的反向思考、整理整合、反轉應用等的腦力激盪探究後，必定會有更好的構思。

1 反向思考

　　此種手法即是把原有物品，用完全相反的角度去看待，並將其缺點改進。例如，以前的自用小轎車皆為後輪驅動，因汽車引擎在車前方，必須用傳動軸連接將引擎動力傳送到後輪來驅動汽車，這種後輪驅動的車子駕駛起來有其缺點，如引擎動力損耗較大、方向盤轉向操控性較差等。

　　為了改善這些缺點，使小轎車的性能更好，所以後來就有人將它改為前輪驅動的設計，而得到很好的效果，故目前市售的小轎車，大部分已都採用前輪驅動的設計了。

　　又例如，現在人們常用的抽水幫浦，在幫浦剛發明出來時，人們總是把它裝在上方處，接近水管的出水口端，不論使用多大的馬力，吸取水源的高度距離皆無法大於 10 公尺，後來有人將它裝於在接近水源這一側，結果發現水的輸送距離可達 150 公尺以上。

　　如此，只是利用安裝位置前端與後端的改變，就可得到很大的效果改善，其實就是吸力與推力所產生的不同效果而已，只要我們看待事物能以一百八十度的衝突性，用完全相反的眼光去看待及思考，說不定有很多事情，可因此而獲得解決的。

2 整理整合

　　這也是發明家慣用的方法，例如，早期鉛筆和橡皮擦，是分開生產製造的，使用者寫字時，必須一次準備兩樣物品，

第七篇、創意發明練功房

後來有人將它整合為一，使得現在製造的鉛筆，大多為筆尾附有橡皮擦，方便人們寫錯字時之需。又如，早期的螺絲釘頭部，分別為一字或十字型，使用的起子也必須是完全相符的一字或十字型，才能去鎖緊或鬆開，後來有人將它整合製造，成為無論是用一字或十字型起子，皆可方便使用的螺絲釘頭部。

再如，發明一種智能量杯，可以結合多功能，以方便在廚房中使用，提高工作效率和廚藝的表現。再如，加上雷射瞄準器的高爾夫球桿，此項整合則可大大的提升揮桿球向的準確度……等等。以上這些例子都是整合的應用表現。

▲「智能量杯」將量杯、溫度計和磅秤這三種廚房必需品，組合成一個功能強大且非常方便的巧妙廚房用具
圖片來源：Inspire Uplift LLC. 新發明設計商品網
(https://www.inspireuplift.com)

▲ 具「雷射瞄準器」導引的高爾夫球桿，可改善擊球角度準確性，提升練習成效
圖片來源：PGM 高爾夫球具公司
(https://www.pgmgolf.com)

3. 反轉應用

可將目前已有的產品，或已知的各種原理、理論加以反轉探討研究，說不定可以得到新的應用。

例如，利用冷氣機的冷凍原理，將原本循環於室外側，散熱器冷媒的流向，與室內側冷卻器冷媒的流向反轉過來，使其熱氣往室內側吹，在寒冷的冬天裡，室內可享受到暖氣的功能。如此的設計稱為熱泵暖氣（Heat Pump），不但可在冬天裡享受到暖氣，而且省電效率，更是傳統電熱式電暖器的三倍，是非常節省電力能源的產品，此種設計原理可說是很典型反轉手法的應用。

四、沈澱與過濾

當我們想到一個好的構思時，在當時一定認為它很完美，但是經過一段時日的沈澱與過濾後，必定會發覺原先的構想，其實並沒那麼完美，或許在成本、效能、美觀、強度、製程、可靠度、維修性、耐久性……等等，各方面有不理想之處，但且不要擔心，在不斷的由筆記本記錄中，反複探索後必能出現更好的構思，再從這些構思中，找出一個最理想的方案後才去執行，如此，成功的機率就能大增。

第七篇、創意發明練功房

練功秘笈 5

創新發明原理與完整流程

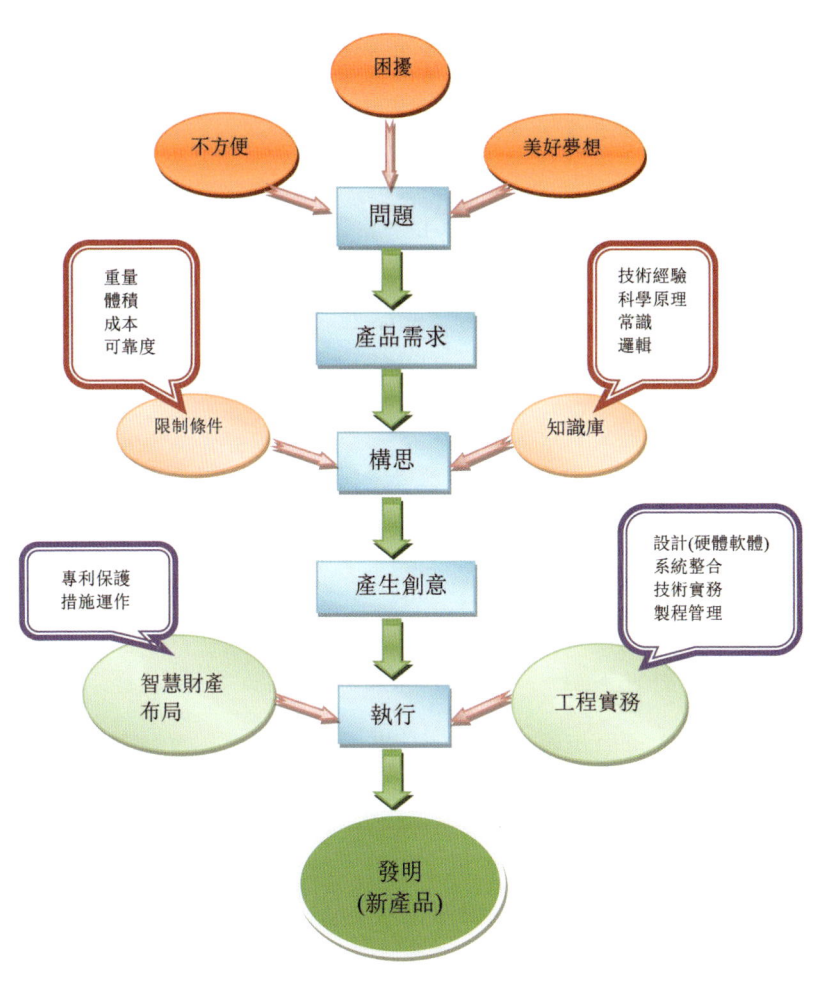

流程圖內容：

- 困擾、不方便、美好夢想 → 問題
- 問題 → 產品需求
- 限制條件（重量、體積、成本、可靠度）、知識庫（技術經驗、科學原理、常識、邏輯）→ 構思
- 產品需求 → 構思
- 構思 → 產生創意
- 產生創意 → 執行
- 智慧財產布局（專利保護、措施運作）、工程實務（設計(硬體軟體)、系統整合、技術實務、製程管理）→ 執行
- 執行 → 發明(新產品)

▲ 創新發明原理流程

一、創新發明的原理及流程

創新與發明並非只有天才、專家能夠做，其實每個人天生皆具有不滿現狀天性和改變現狀的能力，只是我們沒有用心去發掘罷了，在經過系統化學習創新發明的原理及流程後，一般大眾只要再綜合善用已有的各類知識與思考變通，再加入創意點子，人人都能成為出色的發明家。

二、有「問題」就會有「需求」

在現代實務上的「創新發明原理流程」中（如上圖），發明來自於「需求」，而「需求」的背後成因，其實就是人們所遭遇到的種種「問題」。

這些問題可能是你我日常生活中的「困擾」之事，簡單舉例，如夜晚蚊子多是人們的「困擾」，於是人們發明了捕蚊燈、捕蚊拍等器具，來解決夜晚蚊子多的「問題」。又如，在辦公室或家中常有打翻水杯損壞電腦的「困擾」，所以如果發明一種可以防傾倒的水杯，就是一項極為實用的「需求」。

這些問題也可能是你我的「不方便」之事，如上下樓層不方便，尤其當樓層很高時，因此發明了電梯，來解決此一上下樓層不方便的「問題」。

此外，人們常有「美好夢想」，想要到外太空旅行甚至上月球渡假等，所以人們不斷研發快速、安全、低成本的飛行器，希望有一天讓夢想成真。

▲ 「電蚊拍＋捕蚊燈」
直立＋手持捕蚊＋壁掛三合一設計
圖片來源：日本東京電通 Tokyotek
(https://www.momoshop.com.tw/goods/
GoodsDetail.jsp?i_code=12719190)

▲ 「防傾杯」利用可固定的安全吸盤原理，穩定杯身不傾倒
圖片來源：Inspire Uplift LLC.
新發明設計商品網
(https://www.inspireuplift.com)

　　綜上所述，這些「問題」在表徵上就是「困擾」、「不方便」、「美好夢想」之事，會以千萬種不同的型態出現，只要發明人細心觀察必能有所感受。因此，我們可以如此的說：「發明來自於需求，需求來自於問題。」

　　當我們有了「產品需求」，接著就是透過「構思」，運用綜合已有的各類知識，如技術經驗、科學原理、常識與邏輯判斷等，經過思考變通，再加入新點子，產生新的「創意」出來。

　　不過，在產生具有實用價值的「構思」過程，必須考量到「限制條件」的存在。所謂「限制條件」是指每一項具實用價值的發明新產品一定會受到某些「不可避免」的先天條件限制。以捕蚊拍為例，它的重量一定要輕，成本要低，其可靠度至少要能品質保證使用一年以上不故障，這些都是具體的「限制條件」。

反之，假如沒有將「限制條件」考慮進去而產生的「構思」，例如捕蚊拍的成本一支為 5 仟元，重量 10 公斤，那麼即使它的捕蚊功能再好，大概也是賣不出去的。所以，目前市面上銷售的捕蚊拍，實際產品的價格一支大約 100～200 元之間，重量也只有 300 公克左右，每年在台灣就可以賣出 300 萬支。

三、「創意」需要去「執行」才能產生價值

　　有了好的「創意」，接著就是要去「執行」創意，在執行創意的過程中，必然要使用「工程實務」才能化創意為真實。首先透過「設計」將硬體及軟體的功能做「系統整合」後展現出來，並運用「技術實務」施作，將創意化為真實的產品，再由效率化的「製程管理」，將發明的新產品快速大量生產，提供給消費者使用。

　　「創意」產生後，還有一項重點就是「智慧財產布局」，當在「執行」創意的同時，我們就應該要將「專利保護措施運作」包含在內，本項必須先由專利的檢索查詢開始，以避免重複發明及侵權行為的發生。另一方面，也應針對本身具獨特性的創意發明，提出國內、外的專利申請，來保障自身的發明成果。

　　有些創意在學理上和科學原理上，雖然是合理可行的，也符合在專利取得申請上的要件，但在「工程實務」的施作上卻無法達成，到最後這項發明還是屬於失敗的。所以，有了「創意」之後，接續而來在「執行」階段的「可行性」綜合評估，就顯得非常重要了。

結語

創新發明的可貴在於實踐與執行

夢想，是人類進步的起點，創新發明往往開始於一個充滿遠見的夢想家，然而，夢想僅僅是開始，創新發明的可貴在於實踐與執行，以下是一些實踐和執行創新發明的重要原則：

1. 明確的計畫和目標：包括確定項目的範圍、時間表、預算，以及實現成功的評估標準，一個明確的計畫將幫助你保持方向，並確保你的努力朝著實現夢想的方向前進。

2. 團隊合作：創新發明通常需要多方面的專業知識和技能，建立一個多元化的團隊，每位成員都能為項目的成功做出貢獻，致力於共同的目標。

3. 持之以恆：實現創新發明往往需要長時間的努力，在過程中會遇到挫折和困難，關鍵是保持毅力和堅持，不輕易放棄。

4. 學習和改進：創新發明的過程充滿學習和不斷改進的機會，將每次挫折和失敗視為可貴的教訓，用來改進和調整自己。

5. 適應環境：市場和技術環境經常變化，而一個成功的創新發明需要能夠適應這些變化，靈活調整。

6. 智權保護：發明創造除了改善人類生活，更是促進社會經濟發展的活水，專利權智慧財產的保護就顯得更為重要了。

7. 風險管理：創新發明伴隨著風險，但這些風險可以透過謹慎的風險管理來減少，評估潛在風險，制定應對計畫，並在必要時調整戰略，以確保項目的成功。

我的天啊！原來發明是這麼一回事 / 葉忠福著. -- 初版. -- 新北市：台科大圖書股份有限公司, 2024.11
　　面；　公分
ISBN 978-626-391-346-2 (平裝)

1.CST: 發明　2.CST: 通俗
440.6　　　　　　　　　　113016707

多園文化

線上讀者回函
歡迎給予鼓勵及建議
tkdbook.jyic.net/YU002

我的天啊！原來發明是這麼一回事

書　　　號	YU002
版　　　次	2024年11月初版
編　著　者	葉忠福
責任編輯	莊靜茹
校對次數	8次
版面構成	林伊紋
封面設計	林伊紋
發　行　所	台科大圖書股份有限公司
門市地址	24257新北市新莊區中正路649-8號8樓
電　　　話	02-2908-0313
傳　　　真	02-2908-0112
電子郵件	service@jyic.net
郵購帳號	19133960
戶　　　名	台科大圖書股份有限公司
	※郵撥訂購未滿1500元者，請付郵資，本島地區100元 / 外島地區200元
客服專線	0800-000-599

版權宣告

有著作權　侵害必究

本書受著作權法保護。未經本公司事前書面授權，不得以任何方式（包括儲存於資料庫或任何存取系統內）作全部或局部之翻印、仿製或轉載。

書內圖片、資料的來源已盡查明之責，若有疏漏致著作權遭侵犯，我們在此致歉，並請有關人士致函本公司，我們將作出適當的修訂和安排。

網路購書	勁園科教旗艦店 蝦皮商城	博客來網路書店 台科大圖書專區	勁園商城

各服務中心	總　公　司	02-2908-5945	台中服務中心	04-2263-5882
	台北服務中心	02-2908-5945	高雄服務中心	07-555-7947